九型人格

张金超◎编

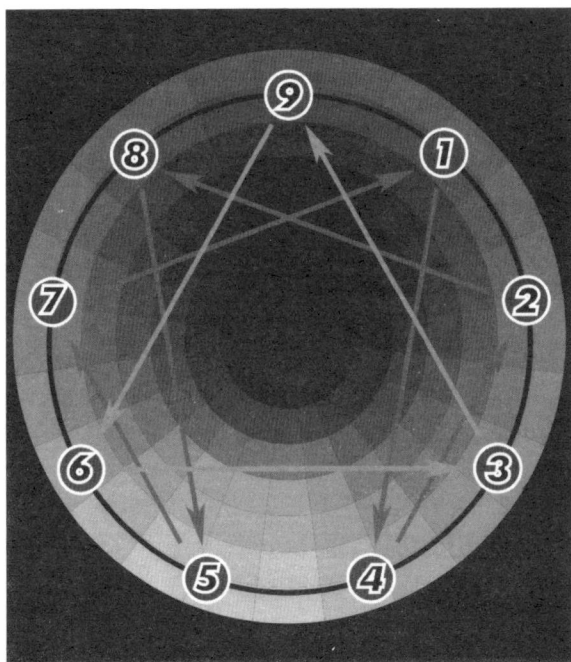

黑龙江科学技术出版社
HEILONGJIANG SCIENCE AND TECHNOLOGY PRESS

图书在版编目（ＣＩＰ）数据

九型人格 / 张金超编. -- 哈尔滨：黑龙江科学技术出版社，2018.12

ISBN 978-7-5388-9888-0

Ⅰ.①九… Ⅱ.①张… Ⅲ.①人格心理学 – 通俗读物 Ⅳ.①B848-49

中国版本图书馆CIP数据核字(2018)第257866号

九 型 人 格

JIU XING RENGE

作　　者	张金超
项目总监	薛方闻
策划编辑	沈福威
责任编辑	梁祥崇　沈福威
封面设计	陈广领
出　　版	黑龙江科学技术出版社
	地址：哈尔滨市南岗区公安街70-2号　邮编：150007
	电话：（0451）53642106　传真：（0451）53642143
	网址：www.lkcbs.cn
发　　行	全国新华书店
印　　刷	北京铭传印刷有限公司
开　　本	880 mm×1230 mm　1/32
印　　张	6
字　　数	150千字
版　　次	2018年12月第1版
印　　次	2019年3月第2次印刷
书　　号	ISBN 978-7-5388-9888-0
定　　价	36.80元

前言

　　精神分析学派创始人弗洛伊德认为，完整的人格由本我、自我、超我三个部分组成。本我是人格中最原始、最底层的部分，是本能、冲动、欲望等心理能力；自我是人格的心理组成部分，是人类特有的自我探寻的开始，介于本我与外部世界之间，负责处理现实世界的事情；超我则是人格的社会组成部分，是良知或内在的品德，是道德规范、社会取向等作用于本我的结果。本我、自我和超我之间的关系不是静止的，而是始终处于冲突与平衡交叉的运动之中。

　　著名九型人格大师唐·理查德·里索曾对本我、自我、性格三者的关系做了一个形象的比喻："假如把本我比喻成水，那么我们的心灵就是一个湖泊，而性格便包含了自我的许多面相，即心湖上被激起的涟漪，甚至有可能是已经冻结成亟待敲碎的薄冰。"

　　性格是先天因素和后天因素综合影响下的产物，伴随着每个人的一生。任何一种性格都既有优点又有缺点，但能否扬长避短，则需要更多的智慧来指导。

　　九型人格是建立在心理学与其他学说基础上的一套深入研究人们性格和行为的学问。通过心理分析，探寻人类内心的欲望和恐惧，根据人与人之间思维方式和价值观的不同，将所有人分为九种类型。这门应用心理学是一种帮助我们认识自己的有力工具，针对不同的人格类型，需要用不同的方式来管理和沟通，这样不但能够找到属于个人的性格进化之路，还能让自己的人际关系更和谐。

　　本书案例颇多，内容丰富、翔实，详细分析了九型人格中每一种人格的性格特征、职场角色、婚恋关系、人际交往以及自身的性格调整。希望能够让读者朋友们更好地认识自己，也有助于大家加深对身边其他类型人的了解。

目录

第1章
带你走进九型人格的世界

第一节　九型人格的渊源

关于九型人格的起源，一直没有一个明确的定论，现在比较主流的观点有两种：一种认为，九型人格符号体系诞生于伊斯兰一个古老的教派中；另一种观点认为，在公元前25世纪九型人格就产生了。不过这两种说法都没有确切的证据可以证实。

虽然九型人格的起源并不明朗，但可以肯定的是，九型人格源自七宗罪的观念，包括愤怒、傲慢、妒忌、贪婪、饕餮、淫欲和懒惰；除此之外，再加上欺骗和恐惧两宗罪，就构成了"九宗罪"。由这九宗罪衍生出后来的"九型人格"。

谈到九型人格的发展和完善，我们不得不提到以下几个人。

第一位是乔治·葛吉夫。他是一位极具冒险精神的探险家、神秘的灵修导师和孜孜不倦的求知者。乔治将数学符号体系用在了九柱图上。20世纪初，通过乔治的努力，九型人格传播到了欧洲。从俄国到法国，伴随着乔治的讲授，九型人格在小范围的研究团体中开始逐渐传播开来。

第二位是奥斯卡·伊察索。他是九型人格的真正创始人。伊察索围绕九型人格中的九种"自我固着"和"私欲"进行了深入的研究，将人们带入认知自我的层次中去，这是他最为主要的贡献。1971 年，伊察索在美国建立了艾瑞卡研究所。艾瑞卡研究所是一所专门研究九型人格的机构，在研究所工作期间，伊察索将九种人格与灵修教学联系在一起，他将九型人格的符号体系按照顺序进行排列组合，形成了"九角图"。

第三位是克劳迪奥·纳兰霍博士。纳兰霍博士是一位精神病学家，他是伊察索创立的艾瑞卡研究小组的第一批成员。在艾瑞卡小组学习过程中，纳兰霍博士不仅了解了九型人格的基本内容，还了解了伊察索哲学体系的其他方面。后来，纳兰霍博士自己也成立了讲授九型人格的小组，名称是 SAT(Seekers after Truth)，即"真理追求者"。克劳迪奥博士认为九型人格与精神病学之间是有联系的，他对所有小组的成员进行了访谈，并从中提取有用的信息，扩展了对九型人格类型的描述。

第四位是罗伯特·奥克斯神父。奥克斯神父是通过纳兰霍博士的 SAT 小组了解到有关九型人格知识的，他还在教会中传授九型人格的相关理论。

九型人格在这四位学者和关注者的帮助下逐渐被整个世界意识到了。在传播过程中，每一个教授九型人格的导师都会根据个人的理解不断完善九型人格的理论，然后一并传授给学生；这些学生在传授的过程中，又继续融入自己的理解。就这样，九型人格被不断完善，然后一代一代地流传下来。

第二节　九型人格的分类

根据古老的分类，九型人格分为完美型人格、给予型人格、实干型人格、浪漫型人格、探索型人格、质疑型人格、享乐型人格、领导型人格和协调型人格。九型人格的特点如下：

第一种类型：完美型人格

完美型人格者对自己和他人都有很高的要求，他们具有强烈的是非观念与道德观念。他们在生活中一直追求完美，要求事事精益求精，并不惜为此付出巨大的代价；对待问题，认为会有唯一正确的解决方法，必须用正确的方法做正确的事。

第二种类型：给予型人格

给予型人格者富有同情心，总是不断地对他人提供帮助，满足他人的需求，是乐于助人的"活雷锋"。他们希望自己成为他人生活中不可缺少的一部分，并努力赢得所有人的爱戴。

给予型人格者具有奉献精神，总是会压抑自己的需求，会根据他人的需要来调整自己的言行举止。但是不断做出奉献的他们也希望能够得到回应，希望能得到他人的爱。若是一直被忽视，心里就会有强烈的失落感。

第三种类型：实干型人格

实干型人格者喜欢接受竞争和挑战，取得成就是这一类人的执念。他们追求成功和社会地位，害怕被社会抛弃。实干型人格者常常将真正的自我和工作中的角色混为一谈，为了获得成功，赢得竞争，甚至不惜放弃真实的自我。

第四种类型：浪漫型人格

浪漫型人格者有极强的感性色彩与浪漫主义情结，具有艺术家的气质，喜欢用艺术和美学来表达自我的强烈愿望。抑郁和悲伤是浪漫型人格者常见的情绪。他们多愁善感，性情善变而冲动。他们孤芳自赏，容易陷入自我陶醉，常常被不切实际的幻想所吸引，脱离现实社会。

第五种类型：探索型人格

探索型人格者极度理智，酷爱思考。他们很注重对自己隐私的保护，与别人在情感上保持着一定的距离；他们将自己的责任和义务分得很清楚，很少感情用事；他们不参与别人生活，很少去掺和别人的事，对于社交毫无兴趣；他们专注正在研究的问题，其他事情很难引起他们的兴趣，而一旦关注某事就会全神贯注。

第六种类型：质疑型人格

质疑型人格者总是用怀疑的眼光看待周围的一切，有时候会为此感到焦虑和疲惫，他们的内心充满矛盾。他们害怕失败，缺乏自信，因此在采取行动的时候总是畏首畏尾、犹豫不决；同时他们反对和厌恶独裁，敢于自我牺牲，是团队中的好成员以及忠诚的战士。

第七种类型：享乐型人格

享乐型人格者像孩子一样天真，经常处于情绪高涨的状态。他们只顾自己开心，对任何事物都缺乏耐心，做事经常半途而废；爱好冒险，不喜欢做出承诺，讨厌束缚，会不断地更换周围的朋友和恋人。他们在人群中非常活跃，追逐着世界上一切有趣的事情。

第八种类型：领导型人格

领导型人格者有着"弱肉强食，优胜劣汰"的世界观，争强好胜，敢于挑战人生。他们主动负责，有开拓精神与领导能力，愿意保护自己周围的人；他们以自我为中心，作风比较专断，脾气暴躁，控制欲较强，热衷于掌握权力，以此来展示自己的力量。

第九种类型：协调型人格

协调型人格者为人温和亲切，心态乐观，容易满足。他们会考虑周围所有人的观点，及时满足他人的需要，甚至因此而放弃自己的观点；为了保持和谐融洽的氛围，他们顺应时势，甚至委曲求全；他们常常会放弃一些重要的事情，而从事毫无意义的琐事。

第三节 九型人格的基本架构

我们都知道，九型人格来源于九柱图，要想了解九型人格，就得首先了解九柱图。那么，九柱图是什么呢？它是在一个标准的圆上，用1—9这些数字以相等的等分点来标注，9处于正中间的位置，意在体现对称，每个点代表一种人格类型。

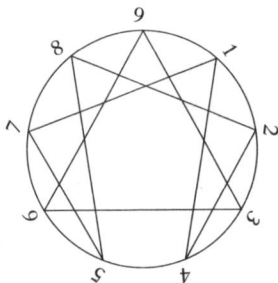

心理学家常以九柱图来表示九种基本人格类型。九柱图拆分开来，可以分解为圆、三角形和六边形三种。如果仔细观察九型人格的九柱图，我们就会发现，3、6、9这三个数字所在的位置，恰好形成了一个等边三角形的形状。而其他六个号码则构成了一个不规则的六角形形状，它们之间又彼此关联，1和4连接，4和2连接，2和8连接，8和5连接，5和7连接，7和1连接。

每一个人格类型都有健康状态和不健康状态，也叫整合方向和分离方向。每一条人格类型之间的连线，标志着各种人格类型向健康的、自我实现的方向和向不健康的、神经质的方向发展，揭示了人格变化的动态发展。所谓的健康状态，就是核心价值观得到了充分满足后，各型的升华和提升；所谓的不健康状态，就是核心价值观受到了威胁后，各型的退化与陷落方向。整合的顺序是 3-6-9-3，1-7-5-8-2-4-1，反之则是分离顺序。

举个例子，第六型人格分别与第九型和第三型相连，按照九柱图所指示的方向，如果在健康状态下，第六型人格会沿着整合方向，慢慢表现出第九型人格的行为，即第九型人格身上的东西是第六型人格一直追求的。例如，如果第六型人格的主要问题在于缺乏安全感和感到焦虑，当他向着第九型人格发展的时候，他就会变得轻松、平和，并受到人们欢迎，即向着第九型人格发展的第六型要比之前多些平和、少点焦虑。

反之，朝着第三型发展的第六型人格就是不健康的状态。当不健康状态下的第六型人格有一种焦虑感、不安全感和自卑感的时候，他们身上的焦虑和不安全感就会体现出第三型人格的行为特点。例如，如果第六型人格想弥补自己的自卑感，他们就会变得极其自负、傲慢、自吹自擂，就想第三型人格表现出来的一样；如果第六型人格的焦虑已经到达了难以平复的程度，他们就会表现出第三型人格的某些神经质特征，即极力想掩盖自己的错误、欺骗他人，以及疯狂地追求他们相信可以帮助自己找回安全感和自尊的东西。

该理论就是九型人格论比其他心理分类优胜的地方。九柱图是可以表现出经过整合或解离的特质的，因为这种特质在一个人的基本人格类型的动态运动中已经有所预示了。每一种人格类型的整合方向，都是这种类型在健康状态下的特质的一种自然而然的发展，它与另一种类型之间的联系，可以从九桂图中表示其相互关系的连线看出来。所以，从某种意义上来说，每一种人格类型都有可能会向另一种人格类型的方向转化和发展，因为整合方向代表着一种人格类型的进一步转化和发展，同样，解离方向则代表了一种人格类型会进一步陷入充满冲突的状态之中。

从根本上来说，我们的目的就是要让九型人格整体运动起来，然后整合每一种人格类型所象征的东西，直至最后能灵活地运用所有人格类型的健康潜能。我们的理想，就是能成为一个平衡的，可以充分发挥功能的人，九型人格中的每种人格类型，都象征了我们为达成这一目的所需要的各种必要因素。

总之，不管你属于什么类型，不仅要了解自己所属类型的主要特质，同时还要熟悉所属类型朝着健康或者不健康方向发展的类型，将这几种类型整合在一起，才是属于你最完整的自我图像。

与此同时，从分析层面上来讲，人们又将九种人格划分为三个元组，即情感三元组、思维三元组和本能三元组。在这三个三元组中，每一种人格类型都有自己在健康和不健康状态之下的行为表现，通过对这些健康和不健康行为的分析，会让你对每种人格有更加真切的认识。

一、情感三元组

情感三元组包括九柱图的"2、3、4"，也就是给予型人格、实干型人格和浪漫型人格。给予型人格者会过度表现自己的情感，并且只表现正面情感而压抑负面情感；实干型人格者与情感完全没有关系，为了给他人留下良好的印象，他们经常压抑自己的情感，以便有更多的精力投入到工作之中；浪漫型人格者总是试图通过某种艺术化的生活或审美方式间接地表现自己，并且浪漫型人格者的情感极易受到幻想的影响。

在情感三元组中，给予型人格、实干型人格和浪漫型人格在涉及情感的问题上都有着相同的优点和缺点。如果他们都处于健康的状态，那么他们的情感将是他们性格中最受欢迎的部分，对他们的人际关系有很大的帮助；如果他们都处于不健康的状态，他们的情感就会因此而失去平衡。

在健康状态下，给予型人格者的力量来自维系自己和他人的情感能力，他们渴望得到别人的爱，却也因此常常冒犯他人；不健康状态下的给予型人格者会欺骗自己，否认自己的不良情绪，希望时时刻刻表现自己良好的一面，却忽略自己对他人进行控制的事实。

在健康状态下，实干型人格者的力量来自他们总是不断提升自己以及自己适应他人的能力，他们拥有一种鼓励他人的能力，能适时地压抑自己的情感，使别人更加喜欢自己；不健康状态下的实干型人格者在得不到自己想要的赞美和关注时，会对周围的人和事充满敌意。

在健康状态下，浪漫型人格者的力量来自客观自省的能力，他们会用各种各样的方式展示自己的情感并能很好地与他人交流，使自己和他人一直保持联系；不健康状态下的浪漫型人格者会感到极度的忧郁和悲伤，经常进行自我怀疑和自我否定，甚至疏远人群，更严重者会不适应现实的环境，走上自杀的道路。

总体而言，在情感三元组中，给予型人格、实干型人格和浪漫型人格都会面临"认同"和"敌视"的共同问题，他们认同和敌视的对象有时是自己，有时是他人，有时两者都有。

二、思维三元组

思维三元组包括九柱图的"5、6、7"，也就是探索型人格、质疑型人格和享乐型人格。探索型人格者会过度表现自己的思维，常常用思考替代行动，并且经常无休止地沉浸在复杂而又封闭的思想环境中；质疑型人格者与思维完全失去联系，总是不断地向外寻求肯定和确认，以此来证明自己存在的价值；享乐型人格者的思维发展不充分，无法进行完整的思考，总是随心所欲、虎头蛇尾。

在健康状态下，探索型人格者对周围环境的一方面或者一些人都极为了解，并且能针对当前所面临的处境提出创造性的解决方法；而处于不健康状态下的探索型人格者会让思考脱离现实，不但不能解决问题，反而会增加许多新的问题。

在健康状态下，质疑型人格者能敏锐地预测到潜在的问题，能用自己的力量为整个团体谋取福利，他们是忠诚的、值得信赖的好朋友，会将自己的一切奉献给他人；不健康状态下的质疑型人格者会因为自己不断质疑的眼光而处于焦虑、自卑和缺乏安全感的环境中，有时也会做出自我毁灭的行为。

在健康状态下，享乐型人格者热情洋溢，在各种各样的活动中都有非凡的建树和才能，深受周围人的喜欢；处于不健康状态下的享乐型人格者常常以自我为中心，不断地想象，却总是错失最佳的机会，就像一个闲散浪荡的逃避者。

总之，对于思维三元组的探索型人格、质疑型人格和享乐型人格而言，他们都有"不安全感"和"焦虑"的共同问题，但是他们各自处理这些问题的方式又是有差别的。

三、本能三元组

本能三元组包括九柱图的"8、9、1"，即领导型人格、协调型人格和完美型人格。领导型人格者总是急于对外部环境做出本能的强烈反应，而不能静下心思考自己的行为会造成怎样的后果；协调型人格者完全脱离了本能，他们不愿意对这个世界以及周围发生的一切做出反应，从而维持自己内心的安宁和平静；完美型人格者的本能发展不足，他们会制定严格的规则和强大的超我以压抑自己的本能冲动，本能一直被内在的超我死死压抑着。

在健康状态下的领导型人格者会拥有强大的生命活力和敏锐的直觉，他们强大能干，有无比的力量和自信，会激励周围人做出伟大的成就；而不健康状态下的领导型人格者则具有很强的攻击性，一味地自我控制和满足，不顾及事情的后果，会无情地破坏和压制阻挡自己的一切事物。

在健康状态下的协调型人格者有着开放豁达的心胸，会给周围人创造一种安宁与平和的氛围，让每个人都感觉到很舒服；而不健康状态下的协调型人格者会过于依附完全和自己脱节的幻想，为了让自己平静，会过分理想化，也会因此而变得极度危险和疏忽怠慢。

在健康状态下的完美型人格者做事会很讲究智慧和策略，他们对正确与错误有着强烈的良知和端正的认识，他们理性、公正、遵守原则，会听从自己内心的声音；处于不健康状态下的完美型人格者缺乏一颗宽容的心，常常自以为是，强迫性地挑剔别人的毛病，却从不反思自己自相矛盾的行为，对自己和他人都极度残忍无情。

总之，本能三元组中的领导型人格、协调型人格和完美型人格都存在"压抑"和"攻击性"的问题，他们对此的处理方式各不相同。与此同时，三种类型还有一个共同的问题，即：为了维护自我的边界，他们会抵制自己的某种感觉，并且采取不同的方式来抵制他人对自己的影响。

除了以上所讨论的人格三元组之外，你必须了解的还有一个概念，即冀型。因为人格是相对复杂的，没有哪一个人纯粹地专属于某种人格类型，大多数人都属于人格的混合体。而那个与基本类型相邻并且与之混合的类型就叫作冀型。冀型是对整个人格的补充，它会将一些重要的，有时甚至是矛盾的特质添加到总体人格中，使个体的人格更加完善和真实。

在某些情况下，人们的行为会受到冀型的强烈影响，但在另一些时候，受到冀型的影响却很轻微，这种现象要视情况而定。

经过后人研究发现，每个人都有两个翼型。翼型的确定与你的主导类型密不可分，即与你的主导类型人格毗邻的两种翼型与哪些人格特质结合在一起，你就最有可能具有某种特质或者具备某种翼型。

第四节　确定你的人格类型

本问卷共分为 A、B、C、D、E、F、G、H、I 九个部分，每个部分分别有 10 道题目。本问卷中的每个问题都没有对错之分，它所代表的仅仅是你的独特的个性和世界观。请仔细阅读下面的问题，然后再根据自己的第一感觉，快速做出"是"或"否"的判断。

A 部分：

喜欢以自己的价值尺度去评判他人。

常常对自己的要求很高。

当别人办事不妥或者行事不公、不负责任时，我会有不满的情绪产生。

情绪不易外露。

为人诚实。

如果事情没有按照我认为的方式去做，我就无法接受。

时常过于严厉。

总是以对或错、好或坏为标准来看待事物。

办事井井有条，但效率不高。

遇到不公正之事会感到苦恼。

B 部分：

希望周围的人有事时都来找自己出主意或求助。

总想帮助别人。

如果得不到别人的重视和赏识，就会变得十分情绪化，有时甚至变得有些苛刻。

往往会因为投入过多的精力去照顾别人，而忽略了对自己的呵护。

对别人的感受很敏感。

很容易知道别人的感受和需要。

帮助别人达到快乐和成功是重要的成就。

别人拒绝帮助，便会有挫折感。

一个热心肠的好人。

待人热情而有耐性。

C 部分：

喜欢跟人比较。

常常感情深藏。

总是在忙着什么，不喜欢无所事事。

喜欢当主角，因为这样可以得到大家的注意。

喜欢竞争。

做事有效率。

十分认同自己的所作所为。

喜欢不断追求成就。

希望自己比别人更有成就。

喜欢体验高高在上的感觉。

D 部分：

被人误解是一件十分痛苦的事。

常常不知道自己下一刻想要什么。

艺术和美的表现手法是我表达情感的重要手段。

通常是感情用事的人。

在别人眼里，所作所为就像是在演戏。

常常表现得十分忧郁的样子。

在陌生人面前，会表现得很冷漠、很高傲。

有丰富的情感世界。

有很强的创造天分和想象力。

喜欢将每件事都做得井然有序。

E 部分：

喜欢在一旁观察事情的进展。

喜欢通过思考来解决问题。

当别人请教问题时，会仔细地分析清楚。

自己是一个性情安静、善于分析的人。

通常是等别人来接近我，而不是主动靠近别人。

很有包容力，并且彬彬有礼。

好像不会关心别人似的。

喜欢完美地表达。

倾向于独断独行，并由自己去将问题解决。

在人群中，会感到害羞和不安。

F 部分：

一旦决定为某人或某个理想奋斗后，就会死心塌地地去做。

常常试探或考验朋友、伴侣的忠诚。

最不喜欢的就是虚伪。

有时充满权威，有时却又优柔寡断，依赖别人。

面对威胁时，会变得焦虑，又会有对抗迎面而来的危险的勇气。

希望生活变得更稳定。

在承受危机时，通常能克服对自己的质疑和内心的焦虑。

通常会避开危险或者正面挑战。

经常保持警觉。

是一位忠实的朋友和伙伴。

G 部分：

喜欢一切快乐的事。

不善于专心致力于某一件事。

喜欢新鲜刺激、丰富多彩的生活。

认为事情总会朝好的方向发展。

喜欢听笑话或轻松的话题。

经常觉得很多事情都很好玩，也很有趣，人生真的很快乐。

不喜欢要对别人负责的感觉。

经常拖延工作。

经常会回想起童年时代的幸福时光。

经常担心会被剥夺自由，因此不喜欢做出承诺。

H 部分：

喜欢行使权力。

看不起那些不像我一样坚强的人，有时会用种种方式羞辱他们。

不喜欢在被别人指责后改正错误。

虽然知错能改，但是由于执拗好强，周围的人还是会感觉到压力。

喜欢为自己需要的东西而坚守到最后。

有时，别人会觉得自己冷酷无情。

喜欢挑战和登上高峰的体验。

如果周遭的人行为太过分时，会让他感到难堪。

讨厌拖泥带水。

倾向于保护在自己权威和权力下的人。

I 部分：

喜欢舒适、和谐的生活，也喜欢别人接受我。

一般不会当面对别人发怒。

时常会拖延问题，不去解决。

在别人的眼中，是一个能让别人快乐的人。

别人批评我，我不会辩解。

为了使别人满意，会迁就对方。

能够全面地看待事物。

通常会被动而又优柔寡断。

不喜欢成为人们注意的中心。

很容易认同别人，对一切都不怎么挑剔。

计分方法如下：

将每一个部分中选择"是"的数目相加，然后将总数计入下列表格中。例如，在 A 部分中，如果你选择"是"的次数是 6，就在 A 的下方填入 6；在 B 部分中，如果你选择"是"的次数是 5，就将 5 填入 B 的下方，以此类推。填完之后，最高的分数就代表你的类型；如果有几个部分最高分数一样，就说明这几种类型你兼而有之。

A	代表完美型人格者
B	代表探索型人格者
C	代表浪漫型人格者
D	代表实干型人格者
E	代表给予型人格者
F	代表质疑型人格者
G	代表享乐型人格者
H	代表领导型人格者
I	代表协调型人格者

第 *2* 章

1号：追求十全十美的完美型人格者

他们是你身边最一丝不苟的人，"精益求精"与"严格自律"是他们为人处世的基本态度，无论做什么事，他们都会比其他人更加注重细节问题，甚至有时候会达到吹毛求疵的地步。他们普遍恪守着某种道德规范或者社会秩序，几十年如一日，堪称标准的"卫道士"。他们比任何类型人都计较是非曲直，力求做到公正理性、铁面无私。

他们对世界存在着这样或那样的不满，骨子里有着让世界变得更完美的强烈愿望。在周围人看来，他们严厉、苛刻、不讲情面、固执死板，但大家又不得不感慨这一类人不向残酷现实低头的高远情怀，敬佩其长期坚持原则并恪守底线不动摇的坚韧意志。

他们就是1号——完美型人格者，又称改革者。

第一节　没有更好，只有最好的理想主义者

完美型人格者的人生信条可以概括为：没有更好，只有最好。世界万物在他们的眼中都是不完美的，他们的职责就是力图让这些不完美变得完美。

完美型人格者的总体特点如下：

第一，完美型人格者心中有某种坚定的信仰，喜欢以自己眼中的正确标准来看问题。

第二，完美型人格者期望自己成为一个不断进步的恪守正道的人，对那些不符合标准的东西无法视而不见。

第三，完美型人格者对人对事的要求极高，只要没把事情做完美就会很自责，非常在意别人的批评意见，同时会反复比较谁的观点更正确。

第四，完美型人格者非常害怕做错事，于是反复检查细节，做决定时犹豫不决。哪怕表现得再出色，心里还是会惦记着某个理论上可以做得更完美的细节。

第五，完美型人格者坚持原则、公事公办、一丝不苟、纪律严明、理性客观、好为人师、求全责备、吹毛求疵。

第六，完美型人格者干净整齐，扮相正统，不喜欢花里胡哨的东西，看起来有种老成稳重的感觉，尤其喜欢让人看起来炯炯有神的制服。穿戴风格一成不变，非常在意自己的造型是否得体。

第七，完美型人格者表情通常很严肃，不苟言笑，看起来非常冷静，没有多余的感情色彩，一副正气凛然的样子。有时候让人感觉有点不好接近。

第八，完美型人格者姿势端正，腰背挺直，动作果断利落，步态刚健，有军人之风。能够长时间保持一个姿势，不喜欢表现出自由散漫、吊儿郎当的样子。不喜欢与人有太多的身体接触。

　　从小到大，完美型人格者的情感与本能冲动都受到了惩罚性力量的压抑。他们最初被环境要求做完美的人，久而久之，在自己身上创造了一种冷酷无情的超我机制，鞭策自己向着更高的境界前进。其他性格类型的人在犯下严重错误后才开始感到自责，完美型人格者则不然，其内心深处的强烈自责心理一直如影随形。他们内在的监控机制监督着自己的所作所为，令其致力于同自身的缺点做斗争。

　　他们能敏锐地察觉到现实中的各种不公正和不完美，也对自身的缺陷心知肚明。强大的内心批判力量驱使着完美型人格者致力于去做"正确的事"，以便将现实中扭曲的东西导回正轨。他们很少在意自己做事时是否快乐，因为他们相信只有把该做的事情都做好了，才能获得彻底的快乐。所以，他们往往会节制个人私欲，只关注那些应该或必须做的事，把大部分时间和精力都用于完善自己或改造世界。

　　由于怀有强烈的完美主义情结，完美型人格者的思维方式往往带有非黑即白的特征。他们希望自己坚定地站在"正确"和"正义"的一方，并且用绝对正确的方式来批判和改变"错误"的东西。假如他们发现某个问题并非只有唯一的正确答案，内心就会变得慌乱。

　　完美型人格者非常在意自己的形象是否符合规范，希望能尽可能地让一言一行都做到无懈可击。因为他们最怕的就是他人的批评。为了避免遭受尖锐的批评，他们会先对自己进行深刻的自我批判。完美型人格者总是想用更好的东西来代替已经非常好的东西。假如不能保证持续进步，他们的内心就会缺乏安全感。

完美型人格者在健康状态下有着人们所希望看到的各种美德。他们严于律己，脱离了低级趣味，做事一丝不苟，为人正直、勤奋。他们往往有着极强的原则性与坚定的精神信仰，几乎可以称之为符合理想标准的"完人"。但在不健康的状态下，完美型人格者会毫无变通、不择手段地强迫所有人遵循他们的固定模式，严酷地对待一切与自己意见相左的人。这主要是因为他们总是以完美主义心态来对待世界上的人和事，包括对待自己。无论被当成天使还是恶魔，完美型人格者都是在认真按照自己的理想来改变世界。

他们在童年时被寄予过高的期望，受到了严厉的管教，犯点小错就被长辈训斥。为了远离惩罚，他们强迫自己做好每一个细节。同时又注意到了家庭秩序的不合理、不公正因素，因此，他们试图超越家庭的条条框框，制定一套更加严格的思想行为规范。

所以，完美型人格者的性格特征与童年的成长经历有一定的联系。由于每个人的个体差异，既有健康状态的完美型人格者，也有不健康状态的完美型人格者，这就需要自己不断地努力和调节，让心态和性格走上健康的正轨。

第二节　具有工匠精神的职场精英

在职场中，完美型人格者给别人带来的压力，可能比任何一种性格类型的人都大，这主要是因为他们太严厉、太正直、太苛刻、太刻板，令人感觉难以亲近。但有时候，大家又会对完美型人格者充满敬意，觉得世界上有这样的人存在真是太幸运了。让众人对完美型人格者又爱又恨的，则是他们的完美主义情结。

其实，其他性格类型的人在某些时候或某些方面也有或多或少的完美主义情结，但是，完美型人格者的完美主义情结有所不同，那是深入骨髓的全方位的完美主义情结。

他们要求自己做一个不犯错的"完人"，只要是有能力做到100％完美的事情，哪怕出现1％的瑕疵都会让他们非常懊恼。即便大多数人在这个方面只能做到80％，完美型人格者依然不会因为自己的出类拔萃而沾沾自喜，只会深刻反省自己为什么不能避免最后那一丁点儿失误。如今媒体热炒的精益求精、追求极致的"工匠精神"，对于完美型人格者来说不过是理所当然的日常行为，如果让他们来做监督、质检、审计方面的工作，将能最大限度地减少大家的纰漏。

"严于律己，宽以待人"是公认的美德，但完美型人格者往往只能做到前一点。他们自以为只是在按照"普通的"标准做事，看到其他人连这么"普通的"要求都达不到，自然会心生不满。对此，他们要么克制自己的怒火，语重心长地对他人进行长篇大论的说教；要么直接不留情面地严厉批评对方，把别人批评得恨不得找个地缝钻进去。

可是，完美型人格者往往意识不到自己的要求根本不普通，已经超过了大多数人的能力范围。其他性格类型的人都会有一些不在意的地方，但完美型人格者却苛求自己和别人把生活中的每一处细节都做得更好。他们有着让世界变得更美好的理想主义情结，而且信念异常坚定，所以经常会因为坚持自己的原则而得罪他人。

但也正因为如此，完美型人格者往往会成为组织秩序的制定者和带头遵守秩序的模范，他们会排除个人情绪的干扰，制定出一个客观而公正的规章制度，以维护众人的权益；他们严格要求自己是为了以身作则，带动大家用更高的标准来要求自己，最终实现自我升华。理想原则的捍卫者与严格的导师也是他们最常见的形象。

所以，完美型人格者通常是优秀的规矩制定者与执行者，他们理智客观、公正无私，在原则面前可谓六亲不认。人们一方面抱怨完美型人格者不通人情，另一方面又盼望在自己遭遇不公时他们能伸张正义。

对于完美型人格者来说，纪律严明、制度完善、作风严谨的工作环境最有利于自己能力的发挥，他们也乐于为组织或团队的制度建设与作风建设做出更多贡献。假如没有他们的存在，整个职场很容易陷入混乱、散漫、错误频出的不利局面。

第三节　完美型人格者的代表人物

说起屈原，可谓无人不知，无人不晓，一年一度的五月初五端午节就是为了纪念这位著名的诗人。屈原为我国的文学史开创了一个灿烂的时代，即楚辞时代。不过相比他在文学方面的造诣，人们对他在政治上的表现更加钦佩。

约公元前 340 年，屈原出生于楚国一个没落的贵族家庭。他从小好学，满腹诗书，被楚怀王任命为左徒，对内可以同楚怀王商议国事、发布命令，对外可以接待外宾、应对诸侯，那时候的屈原深得楚怀王的信任。可是，屈原的才华和官职却招来了一个人的嫉妒，那就是与他处于同一官阶的上官氏。

上官氏经常向楚怀王打小报告，指责屈原的种种过失，而楚怀王的意志也不坚定，便听信了上官氏的话，开始慢慢疏远屈原。楚怀王的态度令屈原十分痛心，伤心之余，写出了《离骚》。在《离骚》中，屈原表达了自己刚正不阿、一身清廉、志趣高洁的信念，但却引来上官氏更无耻的诽谤，使得楚怀王罢了屈原的官职。

屈原被罢了官职后，其他诸侯国开始垂涎楚国的国土，几次战役之后，楚国由盛转衰。但屈原仍然一心报国，当他听说楚怀王要去秦国，就赶紧跑去劝阻，认为这是秦国的诡计，不能相信。最终楚怀王没有听从屈原的建议，致使命丧秦国。

楚怀王的遭遇让屈原无比痛心，他写了许多不朽的诗篇，以此表达自己的愤懑和忧伤。然而这些诗篇却惹怒了刚刚登基的楚怀王之子，他派人在朝堂之上指控屈原的过失，最终将抱负远大、才华横溢的屈原流放了。

被流放之后的屈原伤心欲绝，他想到了自己曾经的抱负和如今的不得志，觉得自己已经无颜苟活于世。于是，他披散着头发，来到了汨罗江前，做了一篇《怀沙赋》之后，便抱着石头沉入了江底。

屈原跳江自杀的具体原因已经无从考证，但是从他的整个人生经历来看，他无疑是一个壮志未酬的热血青年。在屈原的绝命诗《怀沙赋》中，我们不仅看到了一个伟人对自己人生的总结，同时还看到了一个人在自杀前时而清醒、时而混乱的思绪。

从心理学的角度分析屈原，他之所以选择自杀，与他自身的社会适应不良有一定的关系，而社会适应不良又与个体的人格特质息息相关。从屈原的诗赋中我们可以看到，屈原要么坚持高洁的情操，要么屈尊辱志向现实妥协；屈原完全将生死抛之脑外，选择了坚守自己的美德。由此可以得出结论，屈原是一个完美型人格的人。

具有完美主义人格的屈原有一种常人很难达到的极高境界，他生于乱世，但又不随波逐流，能坚持自己的看法，对自己要求极为严格。屈原甚至将自己表现出来的这种理想中的自我称为"美人"，即完美无缺、毫无瑕疵的人。

正是因为屈原对自己过高的要求，才导致了他有点儿强迫性的人格。所谓强迫性的人格，就是以对自己严格要求和追求完美为主要特点。这类人做事过分认真，非常注重细节，责任心强，为自己制定过高的标准。正如屈原，自小饱读诗书，对政治方面的看法有自己的独到之处，所以他的志向是想通过自己的努力帮助楚王统一其他诸侯国，可是这个目标在当时是何其困难。

当屈原的目标没有实现时，他开始苦闷悲伤，尽管觉得自己无愧于天地，但命运弄人，壮志难酬。其实，当时的屈原还有另一种选择，就是像古代诸多诗人一样，不理俗世中的事情，避世归隐。可是屈原并没有这么做，他执着于自己的美德，坚贞不屈，带着自己未竟的事业和抱负结束了自己的生命，为世人树立了不朽的榜样。

屈原的做法对古代人来说无疑是可歌可泣的，可是对我们现代人来说，他的做法可取吗？现实生活中，力图追求完美的人并不在少数，如果每个人都像屈原一样，在理想得不到实现的时候选择自杀，那么整个社会岂不乱了套！所以说，屈原为了美德而生，也为了美德而死，他执着的精神品质值得我们敬仰，但却不适合我们模仿。

有鉴于此，我们要努力完善自己，尽量克制自己过于苛责的完美主义。当下社会，"完美主义"常被看作一种身心不健康的状态，对于有的人而言，完美主义会带来极大的满足感和贡献感；但对另外一些人而言，完美主义只能带来极大的挫折感和麻痹感，这其中的度需要自己调节和把握。

比较常见的一些完美型人格者常常患得患失，在人际关系和工作中表现得特别明显。比如，他们往往会在别人拒绝自己之前拒绝别人，避免自己失败的尴尬；在工作中，他们总是不断地否定和苛责自己，很难对自己的表现满意，负面情绪很严重。

在现实生活中，完美型人格者的压力越来越大，追求完美的个性可以促使他们辛勤工作，坚持克服遇到的一切挫折和障碍，努力达成自己的目标，从而体验到成功的乐趣。但是，过于极致的完美型人格者会在不断的追求中扭曲自己的心理和行为，总是以成绩和工作不断衡量自己的价值，造成自身焦虑、压抑、暴饮暴食或者偏头痛，有的甚至会产生强迫性的幻想和自杀，造成无法弥补的损失。

从心理健康的角度出发，了解自己的人格类型并适时地进行自我调节是极其必要的。对于完美型人格者而言，要学会承认理想和现实之间是有一定距离的，不要将自己的精力花费在对人和对事的过分挑剔上，不要求一切事情都完美无缺。

第四节　完美型人格者的性格调整

完美型人格者不仅对他人要求高，对自己要求更严格。所以，外人眼中的完美型人格者是严苛、挑剔的。

完美型人格者内心其实非常自卑，缺乏自信心，没有安全感，所以才会有那种追求完美的要求。实际上他们只是想减少自己情绪上的不安，为了保护自己不被别人伤害，他们认为只要自己做到最好，就不会被责怪，不会被离弃。

完美型人格者一旦有了某一个目标，就会通过一切努力去达到目标。尽管有时他们不够理智，会盲目地忘我工作，但是他们确实不会偷懒，也不会推脱工作，是努力可靠的工作伙伴。

完美型人格者的挑剔和刻薄并不是有意为之，更多是对工作的高标准和高要求，只要周围的人能够积极承认自己的不足或失误，完美型人格者还是很愿意帮助有知错态度的人的，并会给予他们极大的支持和鼓励。

身为完美型人格者，首先要学会的是在追求完美的同时学会宽容，即"宽以待人"。宽容不仅是中华民族的美德，更是完美型人格者性格调整面对的第一个原则。要多说赞美的语言，虽然在完美型人格者的眼中，很多人做得不够好，但是不要轻易地批评别人，因为批评是为了让别人进步，但批评的话却不受欢迎，而一句赞美却可以打开别人的心扉；接受每个人都不可能完美的观点，也许你有不堪回首的过去，也许你有平凡不起眼的容貌……无论怎样，明白自己是独一无二的存在就好，保持自己的本色，接受不完美也是一种勇气与大度。

一般而言，完美型人格者都不会承认自己的性格和心理出了问题，他们通常会拒绝别人的建议和帮助。所以，完美型人格者只能通过自己来帮助自己。

第一，尝试接受及包容自己的不完美。放松自己，不再压抑自己的感受，世界上根本就不存在完美的人或事物，学会正视不完美，不再用苛责的态度要求自己。

第二，原谅自己，包容别人。所谓大节不亏，小节不究。只要对方在大的原则上不犯错，那么其他小节问题都可以"坐下来"好好商量。这种宽容的气度正是一个大度的人，或者说幸福的人所应有的特质。无论是工作上还是生活中，没有人喜欢与一个爱挑剔的人相处，正如没有人喜欢随时准备听别人给自己提意见的道理一样。

第三，多留心生活和环境，客观地看待事物，别以为自己的判断就等同于事实。自信是优点，但是盲目相信自己会给生活带来困扰。将眼光多放在周围环境上，不盲从自己的判断，认清事实真相才是最重要的。

第四，鼓励犯错，错误会成为有用的回应、资料及智慧。"金无足赤，人无完人"，谁能一辈子不犯错误？重要的是学会吸取经验教训。过去的就让它过去，一切从头开始。拥有积极的心态，才能够乐观地生活。

第五，客观地评价自己和他人，不要总是控制或责备。不要一直以批判的眼光来看周围的世界，允许别人犯错，允许他们有缺点，也允许他们有一些小毛病，这是为人成功的重要品德。

第五节　与完美型人格者的相处之道

1 号完美型人格者 vs 1 号完美型人格者

当完美型人格者遇到了相同的型号——1 号完美型人格者，他们之间有很多和谐点，比如，他们都更加看重事业，认为休闲和娱乐应该服从于工作，可以压抑；他们认为人际交往应该遵循理性和公平的原则来进行，不能掺加过多的个人情感等。但是他们也会产生一些沟通上的问题，比如，有时他们对完美的看法不一样，标准不一样，彼此会相互抱怨，认为对方没有达到自己的标准，都想让对方改变和让步，他们的矛盾就会产生。

如果两个完美型人格者组成家庭，他们都会关注责任和成就，这会使得他们的家庭发展顺利。但是他们忙于为生活奔波，常常忘记彼此温存和关心，使得内在深层的需求得不到最大满足，可能会爆发一些冲突。他们在生活的安排上都有明确的标准，但常常彼此苛责要求，家务琐事也要有明确的分工；在小事上经常发生冲突，互不相让。

如果两个完美型人格者成为工作伙伴，他们往往能够一起努力和追求进步，他们加在一起的工作表现往往会更加出色。但是他们常常争夺话语权和控制权，彼此都认为自己的观点或者策略是正确的，这个时候他们经常互不相让，只坚持自己的观点和做法，常常形成僵持的局面。

总之，这两个类型互动需要关注到双方的共同问题，彼此都要学习关注对方内心深处的情绪需要，而不只是关注外在的标准。另外在发生冲突的时候，要懂得相互妥协，去理解对方标准的合理之处，而且如果对方做出让步，一定要懂得赞赏和理解对方，这样两者的关系才能正常化。

1 号完美型人格者 vs 2 号给予型人格者

1 号完美型人格者和 2 号给予型人格者相遇在一起会有很多和谐，但是也会有一些沟通上的矛盾。

和给予型人格者在一起，完美型人格者常常能感受到很多无微不至的关心和照顾，以及同情和理解的态度；给予型人格者和完美型人格者在一起也能感受到对方的坦诚以及忠诚，能够得到一份难得的安心。但是完美型人格者和给予型人格者的注意力常常关注外边，忽视自己的内心需要，他们帮助了别人却迷失了自己，长久下去，就会因为真实需要缺乏满足而闹矛盾。完美型人格者常常会对给予型人格者一味追求帮助别人而不满，会觉得他们忽略了很多本来应该去做的事，没有原则；给予型人格者也会觉得完美型人格者缺乏同理心，不能够理解别人的内心需求。

如果完美型人格者和给予型人格者组成家庭，这段感情常常是给予型人格者主动追求的产物。给予型人格者喜欢稳定的关系，喜欢对方依赖自己，喜欢被需要的感觉，所以他们常常主动提供自己的帮助去感动对方。完美型人格者在爱情关系中常常看重责任之类的东西，他们并不善于表达自己内心的感情，这会让给予型人格者常常觉得完美型人格者把自己疏忽了，太关注于工作之类的东西，没有情调；而完美型人格者会觉得给予型人格者太矫情，而且太随性，该做的事情不去做，双方常常会因为这样的矛盾想法而僵持。

如果完美型人格者和给予型人格者成为工作伙伴，在工作关系中，完美型人格者的目标是把工作做完美，所以非常关注技术方面的细节问题；而给予型人格者的目标是通过做好工作获得别人的认同和感激，所以非常期待别人的回应。给予型人格者常常会抱怨完美型人格者没有给自己认同，不注重自己的感受；完美型人格者经常会抱怨给予型人格者不能理解自己完美的计划。

完美型人格者和给予型人格者互动的时候，双方都应该学会关注自己的内心，学会满足自己的真实需要。另外，完美型人格者要理解给予型人格者对于情感支持的需要，学会赞扬和感激；给予型人格者在感觉受到冷落时要理解对方正在心烦，理解完美型人格者做事的专心，并且主动帮助完美型人格者承担一些责任，也可以大胆地说出自己的意见，这样双方的关系才能更融洽。

1 号完美型人格者 vs 3 号实干型人格者

1 号完美型人格者和 3 号实干型人格者相遇在一起会有很多和谐，但是也会有些沟通上的矛盾。

完美型人格者和实干型人格者有不少共同点，同时，完美型人格者可以让实干型人格者更多认识细节和更加踏实，而实干型人格者可以让完美型人格者学到结果导向的重要性。但是交往久了，完美型人格者常常会认为实干型人格者没有原则，只是关注结果，不择手段，而且太爱夸夸其谈，虚荣做作；实干型人格者也会觉得完美型人格者太刻板，顽固不化，太关注细枝末节，不注意大方向，双方会有很多抱怨。

如果完美型人格者和实干型人格者组成家庭，他们常常会忽视家庭生活，把太多时间放在工作上，很少主动休闲和休假。他们都在乎外界的评价，但完美型人格者常常希望自己是真正最优秀的，而实干型人格者喜欢主动给自己设计形象，哪怕自己不优秀，也要让别人觉得自己优秀。这时候完美型人格者会认为实干型人格者是在骗人，而实干型人格者则会觉得自己的爱人太古板。

如果完美型人格者和实干型人格者成为工作伙伴，完美型人格者会追求细节的完美，十分关注产品的质量，而实干型人格者则会更关注整个流程产生的结果，宁可牺牲一定程度的质量，也要达到预期的效果。双方常常会因为这一点而吵闹，不太能够相互理解。

两者都需要关注自己的内心需求，也可以一起多参加一些休闲娱乐活动，让自己的内心更加平和。另外，完美型人格者应该理解实干型人格者有时候过度夸张个人形象是他们内心的需求，并不一定是刻意欺骗；完美型人格者要理解实干型人格者重视结果是为了完成工作，要求完美时要关注对方渴望快速完成工作的心情；实干型人格者也要理解完美型人格者重视过程是为了追求高质量，要求速度时要关注对方认真负责的态度。

1 号完美型人格者 vs 4 号浪漫型人格者

1 号完美型人格者和 4 号浪漫型人格者相遇在一起会有很多和谐，但是也会有一些沟通上的矛盾。

完美型人格者常常是依靠理性行事，他们常常看不惯浪漫型人格者的随意和感性；而浪漫型人格者则会觉得完美型人格者没有人情味，生活太刻板。二者相处，完美型人格者可以学习浪漫型人格者的创意和细腻，而浪漫型人格者则可以学习完美型人格者的理性和原则。

如果完美型人格者和浪漫型人格者组成家庭，完美型人格者常能感觉到自己的内心，更加容易感觉快乐，浪漫型人格者也常常会被完美型人格者的专一情感和坚定行为所打动。但完美型人格者有时候会害怕浪漫型人格者的随性，认为他们是在自我放纵，应该约束；浪漫型人格者则会觉得完美型人格者太没有感情，生活太刻板，缺乏变化。

如果完美型人格者和浪漫型人格者成为工作伙伴，他们都注重良好的工作表现，但完美型人格者按部就班，关注细节，他们常常会觉得浪漫型人格者的工作没有计划，盲目冒险，随心所欲，虎头蛇尾，反复无常，非常不可靠；而浪漫型人格者则认为完美型人格者的方法会抹杀自己的个性，觉得自己独特的价值不能得到体现。

完美型人格者应该理解浪漫型人格者的随意和感性，给他们创造一些自由的空间让他们发挥，同时也可以在一定程度上帮助他们学会理解外在的规则，适应正常的外界节奏；浪漫型人格者应该理解完美型人格者压抑自己是为了更好地做事情，要允许他们按章程行动，同时给他们一些建议，让他们了解创意和细腻。

1 号完美型人格者 vs 5 号探索型人格者

1 号完美型人格者和 5 号探索型人格者有些相似，两者有沟通上的便利，也有沟通上的难处。

完美型人格者常常有着完美的目标，他们希望周围的世界因为自己而能有所改变，可是探索型人格者常常只是满足于自己去了解和获取信息，不愿意对周围的世界产生影响。

如果完美型人格者和探索型人格者组成家庭，往往是只关注生活中的琐事，都注重情感的控制，而很少会彼此甜言蜜语，也缺少足够的情感交流。这个时候，两者一般不会产生什么矛盾。但是他们彼此都不表态，容易造成一些误解，尤其是完美型人格者，他们会因为探索型人格者没有情感交流而有一些着急，希望探索型人格者能够为生活中的事情说出自己的看法，表明自己的态度。

如果完美型人格者和探索型人格者成为工作伙伴，他们会是很好的搭档，他们都愿意努力工作。但是完美型人格者努力工作的出发点是为了把事情做好，而探索型人格者努力工作的出发点却只是为了了解情况，他们与世无争。这时候，完美型人格者经常会觉得探索型人格者不愿意说出自己的意见，但自己的态度却不外露。

完美型人格者应该理解探索型人格者不愿意去表明自己的看法是他们的个性，不能随意批评他们对事情本身不在乎，对你本人不在乎，可以试着鼓励和诱导他们说出自己的意见和看法；探索型人格者应该理解完美型人格者希望能够改变周围的世界，他们希望改变的愿望是美好的，应该支持他们，不应该活在自己的小世界里，但是也希望他们不要干涉你太多的自由。

1 号完美型人格者　vs　6 号质疑型人格者

1 号完美型人格者和 6 号质疑型人格者相遇会很和谐，但是也会有一些沟通上的矛盾。

两种类型的人都是有危机意识的类型，完美型人格者从质疑型人格者那里可以学习到温情和慷慨，而质疑型人格者可以从完美型人格者那里学习到理性和快速的判断能力。

如果完美型人格者和质疑型人格者组成家庭，他们都愿意接受生活中困难的考验，相互扶持、不离不弃，因此他们之间常常能够培养出很强的信任感。但是他们之间也会出现猜疑和冷战的局面，完美型人格者会认为质疑型人格者不配合，很多事情不好好处理；而质疑型人格者则认为完美型人格者不能体谅自己内心的担忧和恐惧，缺乏信心，认为完美型人格者是在苛刻要求自己，这样矛盾就会产生。要解决这个问题双方必须要加强沟通，才能够消除彼此之间的这种不信任。

如果完美型人格者和质疑型人格者成为工作伙伴，他们都喜欢提前为危机做好准备，所以他们的计划常常非常严谨。完美型人格者常常喜欢指出各种错误，高高在上；质疑型人格者则会觉得自己不被信任，这样两者之间常常发生误解。这个时候，完美型人格者如果能够以平和的态度对待质疑型人格者，而质疑型人格者能够去理解完美型人格者并非指责自己的初衷，那么他们可以更加融洽。

平和的沟通在完美型人格者和质疑型人格者之间起着非常大的作用，这样可以使他们之间可以减少误会，朝着共同的目标前进。

1号完美型人格者 vs 7号享乐型人格者

1号完美型人格者和7号享乐型人格者相遇会很和谐。

完美型人格者可以从享乐型人格者那里学到冒险及轻松娱乐的态度，享乐型人格者则可以从完美型人格者那里学到高标准和秩序的重要。

如果完美型人格者和享乐型人格者组成家庭，完美型人格者常常因为享乐型人格者的存在，活得比较轻松，给自己的生命增添活力，享乐型人格者也可以使自己朝三暮四的习性有所收敛。两者在一起，轻松娱乐的时候常常没有什么大的问题，但如果生活出现一些压力，完美型人格者常觉得享乐型人格者不负责任，只知道玩；享乐型人格者则保持自己的乐观，觉得完美型人格者在小题大做，常常选择逃避矛盾。

如果完美型人格者和享乐型人格者成为工作伙伴，完美型人格者常常是依靠逻辑来制订和执行计划，一条路走到底；享乐型人格者则常常依靠发散性思维去做事情，不断改变方向。完美型人格者常常会厌烦享乐型人格者的多变和不可靠，而享乐型人格者也会厌倦完美型人格者的刻板和缺乏新意。

完美型人格者和享乐型人格者互动的时候，完美型人格者应该注意给享乐型人格者一个相对比较宽松自由的空间，但要向他们强调结果的重要性；享乐型人格者也应该注意学习完美型人格者的秩序，这样自己才能有更好的沟通感受。

1 号完美型人格者 vs 8 号领导型人格者

1 号完美型人格者和 8 号领导型人格者相遇会很和谐，但是也会有一些沟通上的矛盾。

完美型人格者和领导型人格者都认为自己代表着真理和公义，如果方向一致，常常会合作得非常有效率，而且领导型人格者显得更具有行动力。完美型人格者在追逐理想的过程中，对于表达的方法和实践理想的手段常常比较自制和恪守原则；领导型人格者则常常为实现自己的利益而过分进取，甚至不惜牺牲原则和伤害他人。完美型人格者常常会讨厌领导型人格者的强势和没有原则，领导型人格者则会不屑完美型人格者的过分理想主义和虚伪清高。

如果完美型人格者和领导型人格者组成家庭，他们的家庭生活常常这样发展：刚开始，完美型人格者常常为领导型人格者的力量所吸引，领导型人格者也会欣赏完美型人格者的自制力和良好愿望。但随着关系发展，领导型人格者常常受不了完美型人格者的挑剔，而完美型人格者也受不了领导型人格者向自己发泄怒火，于是他们开始进入不断火拼的阶段。

如果完美型人格者和领导型人格者成为工作伙伴，他们常常也会陷入一个模式，即：要么是同仇敌忾的战友，共同面对同一个目标，要么陷入不断争斗中。完美型人格者对细节和计划的谨慎可以让领导型人格者更有自制，而领导型人格者的大胆可以让完美型人格者更加具有行动力。完美型人格者对领导型人格者应该适当减少控制，而领导型人格者对完美型人格者则注意对言行有所限制，尊重完美型人格者的原则和标准。

完美型人格者和领导型人格者二者可以较为有效地互补，但是处理不好的话，也会造成很多麻烦，两者互动的时候要小心注意。

1号完美型人格者 vs 9号协调型人格者

完美型人格者和协调型人格者都希望让世界更美好，完美型人格者希望没有错误，协调型人格者希望更和谐。

如果完美型人格者和协调型人格者组成家庭，完美型人格者常常没有了害怕冲突的焦虑，协调型人格者也能学会"正确"的世界观并懂得坚持原则，他们的生活常常会平和舒适。但是，在面对行动的时候，完美型人格者常常搞不清协调型人格者的立场，于是常常强迫协调型人格者表明立场，但协调型人格者会更加显得态度麻木和无动于衷。

　　如果完美型人格者和协调型人格者成为工作伙伴，他们都强调细节，努力避免风险。他们都喜欢研究规则，但完美型人格者常常会关注到规则中的错误，而协调型人格者常常只是依附于规则，有时候似乎又有点阳奉阴违。完美型人格者在行动的时候如果一味批评，那么协调型人格者很可能会消极抵抗，让你干着急。所以完美型人格者可以给协调型人格者足够的认可，最重要的是让他们觉察到这是你的需要，那么他们就会非常积极主动。而协调型人格者如果能理解和利用完美型人格者对工作的界定和安排，他们也可以受益良多。

　　完美型人格者要学会给协调型人格者鼓励，并且要让他们理解自己对原则的要求，最主要还是自己的内心需要，他们就会响应你的要求；而协调型人格者要学会理解原则在生活中是必须的，自己要懂得适应和利用原则，学会表达出自己的立场，而不是只专注于周围世界的和平，这样才能更好地和完美型人格者相处。

第*3*章

2号：乐善好施的给予型人格者

他们是最爱帮助别人的热心肠，做事情比你自己还上心，甚至你只是面露难色，还没想好该向谁求助时，他们就已经察觉到你需要帮助。因为他们的存在，我们才会相信"让世界充满爱"不只是一句口号，并且相信助人为乐的品格是确实存在的。

他们非常重感情，喜欢广结善缘、四处交友；他们经常打听他人的疾苦，为大家提供关怀，甚至在某种程度上显得"多管闲事"。但是，你身边没有多少人会真正讨厌他们，就算是一开始觉得他们是伪君子，最后也会被他们的爱心彻底折服。他们与人为善，熟悉人情世故，往往有着很好的口碑，深受大家的欢迎与信赖。假如说你不清楚什么叫"情商高"的话，看看这一类人就清楚了。

他们就是2号给予型人格者，又称帮助者、照顾者。

第一节　乐于助人的"热心肠"

曾经有一则笑话这样描述给予型人格者：

给予型人格者在坐公共汽车，忽然上来一位老太太，给予型人格者立刻站起来说："老人家，您请坐！"当老太太谢过坐下之后，给予型人格者便美滋滋地对着窗外欣赏风景，他因为帮助了别人感到心里特别高兴。

过了几站地，老太太站了起来，给予型人格者连忙摁住老太太说："老人家，您坐您坐，我不累。"又过了一站地，老人又站了起来，给予型人格者又摁住老太太说："老人家，我真的不累，您坐吧！"老太太这才着急地说："我都坐过好几站了！"

这则笑话说明了给予型人格者的一个显著特征——喜欢帮助别人，在他们帮助别人的过程中，不会考虑他们的帮助是不是当事人所需要的，是不是让人觉得舒服。

比如，当你的家庭里有一个给予型人格者，他们会主动给家里人做许多好吃的东西，如果家里人吃得很香，他们就感到非常高兴；如果家里人说自己不饿或者不好吃，给予型人格者就会感到情绪受挫，一整天都会不高兴。

给予型人格者的行为不但对家里人适用，对周围人也同样适用。如果有邻居向给予型人格者借东西，给予型人格者不仅会借出这样东西，还会关切地问需要其他东西吗；如果给予型人格者没有邻居所需的东西，他们甚至会出门给邻居买回来。

由此可见，在九种人格中，给予型人格者是职业帮助他人者，他们不但会想方设法帮助自己的家人和朋友，也会帮助周围的陌生人。

除了喜欢帮助别人的特质之外，给予型人格者还有感性、喜欢取悦他人、时常感觉自己付出得不够和占有欲强的特质。

以下是给予型人格者的一段自我描述，将有助于你更加了解他们。

我特别喜欢听邓丽君的歌，她的歌能让我感到温暖和幸福，我觉得生活中有爱就感到满足。

我觉得自己的使命就是为了满足别人的需要。我习惯在别人需要帮忙的时候提供帮助，有时宁可放下自己手中的事情，也要去帮助别人。我是一个特别感性的人，生活中一点小事都会让我禁不住掉眼泪，就拿抗震救灾的新闻报道来说，我根本就不敢看，看到那些场面，我几乎心痛得无法呼吸。我特别想身临其境地帮助那些人，可是由于条件限制，最终没有去成，到现在我都感到很遗憾！

家里人的幸福和快乐是我最关心的。每到逢年过节，我都会给家里所有人买礼物，从爷爷、奶奶到外甥、侄女，人人都有份，从不会落下任何人。只要我在家，我就会将家里的氛围搞得其乐融融，我喜欢看着家里人笑口常开的样子。为了让他们开心，我有时会自作主张安排一些活动，但有时候有些人会不买账，他们的态度会让我很伤心。我再辛苦都没有关系，可是如果我的付出不被别人接受和理解，我就非常难过了。

在单位里，我的人缘非常好。我会细心地观察每个人的需要，无论职位高低，我都会给予他们及时的帮助。大家在一起聚餐的时候，一般他们选什么我都能接受，我对物质的要求不高，但我希望别人能重视我的价值。

我特别爱面子，当两个人有矛盾时，我一般不会先低头，但是只要对方稍微哄哄我，给我一个台阶下，我就会很容易原谅对

他人的需求也都默默记在心里。

　　回忆一下你身边最热心的同事，他们不管跟你熟不熟，只要听到你有麻烦就会主动过来帮忙：假如你胃口不好不想吃饭，他们就会上前嘘寒问暖；假如你还没结婚，他们可能会张罗着帮你介绍对象，而且并不只是说着玩玩，是在认真考虑这件事。这就是典型的给予型人格者的作风。

　　给予型人格者是团队中的情感纽带，他们每到一个陌生环境中都能在短时间内迅速反客为主，成为组织中的"大管家"、众同事公认的好伙伴，他们的人格魅力甚至会折服顾客与部下。如果给予型人格者离开团队，整个团队的情感交流就会减弱很多，且他们负责的客户也会随之流失。

第三节　给予型人格者的代表人物

　　雷锋的出现影响了我们几代人，他的名字几乎成了一个时代的象征、一种精神的符号。几乎是从背起书包上学的那天起，他的故事就伴随着我们成长，我们的人生观和价值观也都和他息息相关。当时的人大张旗鼓地对雷锋的故事进行宣传，就是为了让全世界的人都认识他，以他为榜样，学习他身上乐于奉献的精神。

　　所谓的乐于奉献精神就是助人为乐，以帮助别人为自己最大的乐趣，在利益面前先考虑国家和人民，最后才考虑自己。助人为乐，是给予型人格者身上的显著特征，不管在什么情况下，他们都是默默无闻的付出者，将别人的利益放在第一位。雷锋就是给予型人格者的典型代表。

雷锋是在 20 世纪 60 年代应征入伍的，当时由于雷锋的个子比较矮，负责征兵工作的人员对他的入伍存有质疑。但是雷锋觉得当兵对一个男人来说特别重要，只有当兵了，才能为人民做更多的事情，后来领导看雷锋的当兵愿望非常强烈，就勉强收下了这个兵。雷锋非常高兴，走进兵营以后，只要自己闲着，他就卷起袖子打扫卫生、烧开水和送信件等，身边的战友都说他是一个爱劳动、爱帮助别人的人。

刚开始，大家都以为雷锋只是在部队里做好事，团里的领导对他也只是口头表扬，没有对雷锋的事迹进行深入实际的调查。直到入伍半年之后，雷锋所在的团接连收到两封感谢信，大家才对他的事迹有所了解。

这两封信的内容分别是雷锋将自己省吃俭用的 200 元钱赠给了辽宁省抚顺市望花区人民公社，支援当地建设，后来公社不忍要这么多钱，只接受了 100 元；还有就是雷锋在抚顺市发生特大洪灾的时候，不但寄去了慰问信，还附带了 100 元钱。

在地方开展建设和救灾的时候，雷锋毫不犹豫地将这 200 元钱拿出来，说明在雷锋的心目中，人民的利益高于自己的利益。而且这 200 元钱在当时可谓巨款，雷锋不惜花费这么多钱来帮助别人，可见他是一个始终将他人利益放在第一位的人。

雷锋所在团的领导看了对雷锋的感谢信后，立刻派人对雷锋以及相关单位进行了走访调查，了解到了雷锋身上更多感人的事迹。

随着雷锋助人的事迹被一点点披露，部队对这个乐于帮助别人，始终将人民的利益置于自己利益之上的同志非常钦佩和感动，团领导当即决定号召全团干部和战士向雷锋学习，做雷锋式的好战士。很快，这股向雷锋学习的浪潮从全团推广到了全国。

很多人都说，既然做好事不要求回报，那么也就没有必要让别人知道雷锋，也没有必要大张旗鼓地做典型宣传，为什么在那个年代要大力宣扬雷锋的事迹呢？其实，雷锋在当时起到了一个模范带头作用，宣传雷锋的事迹，就是让更多的人向雷锋学习，让他们知道自己身边也有雷锋一样的人，对社会起到一种正向的引导作用。

为了大力宣传雷锋的事迹，组织上让雷锋不断出去做各种演讲。那时，雷锋先后在东北的沈阳、大连、丹东、抚顺等地做了40 场报告，听众多达十万余人。雷锋也成了东北地区著名的忆苦典型。

因为雷锋乐于帮助别人、将人民利益放在首位的奉献精神，他从一个普通的士兵成长为一名家喻户晓的模范。雷锋所在的部队担心雷锋因此而产生骄傲自满的情绪，还专门为雷锋开了一次讨论会。会上，他们对雷锋提出了三点要求，希望雷锋不要迷失自己，要在实践中不断努力完善自己。雷锋在自己日后的生活和工作中，没有辜负组织的期望，依然本着人民利益高于一切的思想，全心全意为人民服务。

我们身边就有雷锋这样的人存在，他们会处处为别人着想，将帮助别人看作自己人生最大的乐趣，会释放一种积极向上的正能量，影响身边更多的人做好事、做善事。

第四节　给予型人格者的性格调整

给予型人格者能够和任何权威套近乎，并且给予权威支持的力量，他们一般是某个宗教忠实的信徒、某个歌星的忠诚粉丝或者是某个领导的得力助手。总之，给予型人格者很乐意为了一个大群体的利益而服务。

但是，正是因为给予型人格者甘于自我牺牲的特质，他们很容易卷入三角关系中。他们也会从事一些能够展示自我魅力的工作，比如化妆师、演员或者个人形象顾问等。

给予型人格者最希望的是能得到别人的认可和赞同，这个比什么都重要。和给予型人格者在一起，他能让周围的人都感觉良好，能展现自己最好的一面。人际关系融洽在给予型人格者看来是生活中最重要的事情，他们会想方设法处理好自己的人际关系，在组织朋友聚餐时，他们会花费大量的时间和精力，朋友的生日礼物也会特别准备。总之，给予型人格者的所有关注点都集中在别人身上。

虽然将注意力转移到自身，可以发现自己的需求和渴望，可是这样做又会使给予型人格者感到焦虑和难受，他们无法体验到情感上的安全感。所以，只有在给予型人格者独处时，他们才能感到更自由，也更容易发现自己的需求。

给予型人格者对别人的付出和帮助都是基于本能反应，这种反应不受思想控制，也不是为了赢得他人的回报。所以，在人际交往中，如果你对给予型人格者的付出仅仅是为了回报他们，会让给予型人格者感到特别不舒服。

身为给予型人格者，你要知道，并不是每个人都和你一样具有野心，要花点时间和精力倾听别人的声音，并且探寻他们身上的优点和长处；要不时地检讨自己的行为，看自己是否在勉强和压榨周围的人；要及时与他人沟通，看看你的要求是否在别人能忍耐的范围之内，切莫勉强别人做自己做不了的事情；在和别人交谈时，你很容易分心想别的事情，所以一旦有重要的事情商谈，一定要选择不易分心的地点和时间，并且告诫自己这次谈话的重要性；当别人为你提供帮助或做出贡献的时候，记得要让别人知道你的感激和谢意；不管是在工作上，还是在人际关系上，花点时间体会周围人的感觉或反思自己的行为，这样不但不会浪费你的时间，相反对你事业的成功会有很大帮助；当你感觉到自己在快速回应对方的问题时，请停下来想想自己目前的感觉，并且提议对方和你进行沟通交流。

给予型人格者最大的问题是需要将自己的注意力从别人或者别的事物上转移到自己身上。有鉴于此，给予型人格者需要注意的是：

第一，要静心发现自己的欲望。多留些时间独处，只有独处的时候，给予型人格者才会感到安全，也才会关注自己的内心，看清自己真正需要的是什么。

第二，要认识到自己对别人的真正价值。和别人交往时，既不要过于夸大自己，也不要过分贬低自己，要明白自己的帮助对别人没有那么重要，没有自己，别人照样也可以解决问题。也不要一味讨好别人，揣摩别人的心思。

第三，要认识到奉承的危害性。奉承最大的危害就是使人焦虑，当你试着揣测别人的心思时，你会感到紧张，尤其是当你思考自己的揣测是否正确的时候，你会更加紧张。

第四，要从自我的强大中增强自己的安全感。给予型人格者总是通过奉承拉拢他人，希望他人能充当自己的保护者，一旦失去他人的保护，给予型人格者就会感受到强烈的不安全感，感觉生活受到了威胁。因而给予型人格者要让自我强大，要自己赋予自己安全感。

第五，要处理好外界认可和自我满足的矛盾。给予型人格者总是在不断地寻求外界的认可，一旦自我需要和外界的认可之间产生了冲突，给予型人格者会立即摒弃自身的需求，转而寻求外界的认可。这个时候给予型人格者就需要平衡外界的认可和自我需求的矛盾，最好能将两者放在一起考虑，并拿出合理的解决方案。

第六，要明白真正的亲密关系是独享的，是不能与他人一起分享的。在追求爱的过程中，给予型人格者总是会被难以得到的关系所吸引，从而陷入复杂纠结的三角恋。对于难以到手的目标，切勿花费太多时间和精力，学会区分逢场作戏和真爱。

第七，要时时尝试扮演不同的角色。从扮演这些角色中，给予型人格者可以发现每个角色的需求和希望，进而更能理解其他人。

第五节　与给予型人格者的相处之道

2 号给予型人格者 vs 2 号给予型人格者

对于给予型人格者来说，他们喜欢付出，因此更希望接触那些愿意接受帮助的人。如果两个给予型人格者走到一起，就只有付出的一方，而没有接受的对方，就使得自己的付出被拒绝，容易激起给予型人格者的愤怒，造成双方的对抗。

而且，从另一角度来说，给予型人格者之所以喜欢帮助别人，是因为他们习惯在幕后操控他人，这让他们觉得很有安全感。而当两个给予型人格者相遇，每个人都会感到自己由幕后被推到了前面，增添了他们心中的不安全感，因为他们害怕自己当众出丑，更害怕自己的弱点被众人知道。

如果两个给予型人格者组成家庭，他们都渴望为对方付出，但彼此又都对对方的付出毫不领情，这就让彼此都痛苦万分，感到自己不被对方接受、理解。这其实是给予型人格者夫妻间彼此目标不一致所致，相反，如果给予型人格者夫妻能制定一个统一的目标，则更容易联合两人的实力，也就更容易实现这个目标。

如果两个给予型人格者成为工作伙伴，则容易达到一个双赢的局面。因为双方都会把工作当作第三方，工作就是能够让他们提供帮助的对象，他们为了完成工作目标，能够彼此协作，竭尽所能。但是，要构成这种和谐的工作伙伴关系，必须将两个给予型人格者放在同一水平线上。如果一个给予型人格者是领导，一个给予型人格者是下属，作为领导的给予型人格者就会对作为下属的给予型人格者展现出极强的控制欲，必然会遭到给予型人格者下属的反抗，容易导致上下级关系的恶化，不利于构建和谐的团队。

总之，无论是在家庭还是在工作中，两个给予型人格者相遇，都应更多地关注自己的需求，努力地提升自己，而不是将注意力放在对方身上，这样才能有效避免彼此的对抗，从而营造一个良好的合作关系。

2 号给予型人格者 vs 3 号实干型人格者

给予型人格者喜欢关注他人，而实干型人格者希望到关注，两者的性格正好形成互补关系：给予型人格者从帮助实干型人格者的过程中得到被认可的满足感，而实干型人格者在给予型人格者的帮助下不断发展，从而达到一个各取所需的双赢局面。

但是，给予型人格者和实干型人格者也会因性格不同而产生矛盾，尽管他们都喜欢忙碌，但他们内心的动机截然不同：给予型人格者是为他人忙碌，实干型人格者是为自己忙碌。当给予型人格者忽略自我一味地关注实干型人格者时，就容易干涉实干型人格者的个人自由，使实干型人格者感到被束缚，从而产生反抗。而实干型人格者这种反抗的行为也会激起给予型人格者的愤怒，导致双方关系的恶化。

如果给予型人格者和实干型人格者组成家庭，往往会被众人看作"天生一对"。因为给予型人格者追求爱人的肯定，而实干型人格者追求个人的成功，给予型人格者就会将实干型人格者的目标当作整个家庭的奋斗目标，竭尽所能地帮助实干型人格者成功。即便是声名显赫的给予型人格者，也会改变自己来讨好他们真正爱的人。总之，给予型人格者为了爱而工作，实干型人格者为了工作而爱，这样的夫妻常常会因为"成功的爱情"而联系在一起，他们都会对另一方给予专业的支持。而且，因为实干型人格者以工作为中心，给予型人格者就会成为家庭情感的中心。但是，当实干型人格者过于关注工作而忽视家庭时，给予型人格者就会感到自己被忽略，就容易激发矛盾。如果实干型人格者能意识到给予型人格者的重要性，给予对方多些关注，就能维系和谐的感情。

如果给予型人格者和实干型人格者成为工作伙伴，会是一对高性能的工作组合，他们都精于产品制造和推广。而且，实干型人格者喜欢当领导，而给予型人格者喜欢在领导背后给予支持，所以他们不会为了争夺领导之位而荒废工作，前提是他们的目标一致。但是，如果实干型人格者过于关注自我的发展，而忘记表达给予型人格者所需要的认可，就容易激起给予型人格者的愤怒，使得给予型人格者倒戈，转而支持其他对象，甚至可能支持实干型人格者的竞争对手，恶化彼此的关系。而且，如果给予型人格者是领导，实干型人格者是下属，则容易因争夺权威而发生冲突，这就需要双方注意加强沟通，互相学习，互相帮助。

总之，无论是在家庭还是在工作中，给予型人格者和实干型人格者相遇，都要注意加强沟通，才能形成互补的合作关系，各取所需，达到双赢的局面。

2 号给予型人格者 vs 4 号浪漫型人格者

给予型人格者喜欢关注他人的需求，而忽略自己的需求；浪漫型人格者则十分关注自我的需求，而忽略他人的需求。当给予型人格者遇到浪漫型人格者时，给予型人格者在浪漫型人格者的性格中看到他们自己被夸大的情感，开始关注自身的需求；而浪漫型人格者也很佩服给予型人格者吸引他人的能力，开始学习关注他人需求。总之，双方都会在对方身上看到潜藏于内心深处的那一部分自己。

但是，当给予型人格者看到浪漫型人格者的自我，便明白自己的付出很难得到回报，因此给予型人格者害怕对浪漫型人格者付出。而浪漫型人格者并不欣赏给予型人格者对他人的讨好，认为那是肤浅的感情，也是对自我剥削。因为双方都害怕完全投入会对自身造成伤害，所以他们常常保持一定的情感距离。

如果给予型人格者和浪漫型人格者组成家庭，他们会是浪漫的一对，而且他们能够将浪漫的爱情变成现实。他们都喜欢若即若离的感觉，当双方近在咫尺时，他们都会后退，当相互消失在对方的视线中时，他们又会去追逐对方。在这段感情中，浪漫型人格者往往处于主导地位，给予型人格者总是害怕自己太平庸，难以满足浪漫型人格者对个性的需求；而浪漫型人格者在面对给予型人格者时，又总是喜欢关注给予型人格者的缺点，而忽略了给予型人格者的优点，因此常常加深给予型人格者的自卑感。如果有了彼此之间对爱的承诺，他们就能完全投入到彼此的情感中，维系浪漫的爱情。

如果给予型人格者和浪漫型人格者成为工作伙伴，他们都会关注环境中的情感基调，都希望营造一个充满人性关注的工作氛围。但是，他们容易在待人的态度上发生分歧：给予型人格者注重人际关系，有着极强的亲和力，他们喜欢关注身边的每一个人，并竭尽所能给予他人所需的帮助；而浪漫型人格者喜欢与众不同，不喜欢人际关系，他们看不惯给予型人格者的亲和力，批评那是一种虚伪的表现。总之，当给予型人格者需要证明自己不可缺少时，当浪漫型人格者需要证明自己独一无二时，他们都会变得十分好强，互不相让，也就容易激发矛盾。如果他们能够尊重彼此的性格，寻求共同的目标，就会朝着好的方向发展。

总之，无论是在家庭还是在工作中，给予型人格者和浪漫型人格者相遇，都需要浪漫型人格者给给予型人格者更多的尊重和理解，并适当向给予型人格者学习如何帮助他人、融入团队，如此才能更好地促进自我的发展。

2 号给予型人格者 vs 5 号探索型人格者

探索型人格者是九型人格中最封闭的类型，他们总是生活在自己的空间里，散发出一种宁静而稳定的内在气息，不易受他人思想的干扰。给予型人格者则是最开放的类型，他们愿意与他人接触，对他人给予热心关怀。

尽管给予型人格者与探索型人格者性格迥异，但他们却能像吸铁石一样相互吸引：给予型人格者被探索型人格者的镇定和安静所吸引，探索型人格者能够远离自己的情感，这正是给予型人格者难以做到的；给予型人格者对生活的积极态度和他们愿意加入各种活动的热情，让与世隔绝的探索型人格者很羡慕。

随着接触的深入，双方也会因性格不合而发生矛盾，这时双方都会把对方视为"问题根源"。给予型人格者认为，探索型人格者那种深居简出、朴素节俭的生活方式是对情感的剥夺，他们认为探索型人格者有问题，需要自己帮助；而探索型人格者则认为给予型人格者的行为是对自我空间的侵犯，会越发封闭自己，保护自我空间。这种拒绝给予型人格者帮助的行为很容易激起给予型人格者的愤怒，引发彼此更尖锐的矛盾。

如果给予型人格者和探索型人格者组成家庭，给予型人格者往往是这对夫妻中的社交活动家，给予型人格者会代表两人在各种聚会、仪式中发表言论；平静而理性的探索型人格者则愿意参与更具知识性和思考性的话题讨论。如果给予型人格者懂得尊重探索型人格者的选择，探索型人格者能试着打开心扉，学会面对自己的情感，他们就能保持长久的甜蜜爱情。

如果给予型人格者和探索型人格者成为工作伙伴，性格上的差异能够让他们在工作中结为有效的组合。给予型人格者关注他人和他人的需求；探索型人格者能够独立工作，研究抽象的问题。双方不用过多交流，就能各自找到适合自己的位置。他们的天赋完全不同，所以不论是哪一种人做领导，效果都不会很好：如果给予型人格者领导开始关注探索型人格者员工的个人感受，就可能使探索型人格者感到不适，反而使得探索型人格者无法好好工作；而探索型人格者领导面对给予型人格者员工源源不断的信息提供时，常常产生窒息感，从而逃避给予型人格者，容易忽视团队感受。如果他们能够看到彼此的不同，扬长避短，就能有效规避这些矛盾。

总之，无论是在家庭还是在工作中，给予型人格者和探索型人格者相遇，都需要给予型人格者给予探索型人格者更多的尊重和理解，不要过度关注探索型人格者的需求，给予探索型人格者自由思考的空间，也要向探索型人格者学习向思考自我的方向发展；探索型人格者也要主动积极一点，适时接受给予型人格者的帮助，以获得更好的发展。

2号给予型人格者 vs 6号质疑型人格者

给予型人格者喜欢关注他人，因此他们在人际交往中往往是主动前进的一方，而质疑型人格者有着极强的不安全感，对世界充满怀疑，因此他们在人际交往中总是抱着犹豫不决的态度，不知道该前进还是后退。面对给予型人格者的主动接近，质疑型人格者不会直接拒绝，而且给予型人格者的亲和力也在一定程度上降低了质疑型人格者对亲密关系的畏惧感；而质疑型人格者的怀疑也容易激起给予型人格者的挑战欲，刺激他们进一步接近质疑型人格者。

尽管质疑型人格者能从给予型人格者帮助中感到温暖、安全，但是随着接触的深入，给予型人格者会发现，自己要真正赢得质疑型人格者的信任并不容易。在面对给予型人格者的帮助时，质疑型人格者的第一反应往往是：给予型人格者别有居心，想利用我来实现他们自己操控权威的野心。在这种情况下，质疑型人格者往往会抗拒给予型人格者的帮助，甚至可能破坏给予型人格者已经付出的努力。面对质疑型人格者的反复无常，给予型人格者帮助他人的期望无法实现，感到精疲力竭的他们会十分反感，进而放弃质疑型人格者。

如果给予型人格者和质疑型人格者组成家庭，给予型人格者能够以自己无微不至的关爱打动质疑型人格者的心，从而渐渐降低心理防御强度，用爱回应给予型人格者的爱，满足给予型人格者的被需求、被认可感，促使给予型人格者付出更多。但是，一旦双方发生误会，质疑型人格者根深蒂固的怀疑主义就会凸显出来，故意曲解给予型人格者的奉献，甚至攻击给予型人格者是别有用心；给予型人格者觉得自己的付出不被认可，也会感到愤怒，双方就会像两只斗鸡一样争吵不停。

如果给予型人格者和质疑型人格者成为工作伙伴，则容易引起冲突。如果他们站在同一条战线，那么他们肯定会协同合作，为了共同的目标一起奋斗；但如果他们处于同等竞争的环境，冲突则不可避免。尤其是当给予型人格者领导遇到质疑型人格者员工时，给予型人格者的付出往往遭到质疑型人格者的反抗，进而引发给予型人格者的愤怒，更容易激发彼此的矛盾；当质疑型人格者领导面对给予型人格者员工时，他们会认为给予型人格者去讨好其他人的行为是不忠诚的表现，从而主观上忽视给予型人格者，压制给予型人格者的发展。

总之，无论是在家庭还是在工作中，给予型人格者和质疑型人格者相遇，都需要质疑型人格者学会表达自己的情感，同时接受他人的好意，不要刻意曲解给予型人格者善意的关怀；给予型人格者也应该学会表明自己对他人的帮助是否包含了私心，尽量给予质疑型人格者无私而善意的关怀，促进彼此建立和谐的关系。

2 号给予型人格者 vs 7 号享乐型人格者

给予型人格者喜欢帮助他人，因此他们能够积极帮助享乐型人格者找到他们的计划，也愿意分享享乐型人格者为情感关系带来的兴奋与狂热，也就是说，给予型人格者在帮助享乐型人格者的过程中不仅能得到认可，还能享受生活。给予型人格者有多个自我，而享乐型人格者一直喜欢拥有多种选择，因此享乐型人格者容易被给予型人格者吸引。

但是，随着接触的深入，给予型人格者想得到更多关注，这大大超过了享乐型人格者能够给予的，因此享乐型人格者会觉得受到了限制，而给予型人格者则害怕暴露真实的自己，导致享乐型人格者选择逃跑，去寻找其他快乐；给予型人格者感到这是对自己的挑战，会去追逐享乐型人格者。于是，矛盾就产生了。

如果给予型人格者和享乐型人格者组成家庭，夫妻俩最喜欢讨论的一定是娱乐和时事，这让他们总是有新鲜的东西可以分享。但是享乐型人格者缺乏持久的专注力，常常使给予型人格者认为享乐型人格者是一个轻薄的"花花公子"，给予型人格者就会由迎合变为控制，就容易引发享乐型人格者的逃离行为。只要有足够的自由，享乐型人格者也愿意对情感做出承诺。

如果给予型人格者和享乐型人格者成为工作伙伴，他们往往是一对非常受欢迎的工作组合，但也面临缺乏持久性的困扰。因为享乐型人格者更看重享乐，而给予型人格者愿意满足享乐型人格者对享乐的需求，这就容易使得整个团队陷入享乐主义的误区，缺乏艰苦奋斗的工作精神，就容易导致项目的失败和团队的解散。由此看来，给予型人格者和享乐型人格者在合作时都需要尽量收敛自己的性格特征，更为客观地看待问题，才能避免失败。

总之，无论是在家庭还是在工作中，给予型人格者和享乐型人格者相遇，都需要享乐型人格者学着收敛自己的享乐主义行为，减少自恋情绪，更为客观冷静地看待世界；给予型人格者也需要冷静客观地分析自己对享乐型人格者的帮助是否正确，不要一味地迎合享乐型人格者对享乐的需求，这样，双方才不至于在追求发展的道路上迷失方向。

2 号给予型人格者 vs 8 号领导型人格者

给予型人格者和领导型人格者都希望获得对方的关注，但是他们获得关注的方法截然不同：给予型人格者通过改变自己来适应他人，领导型人格者则坚持我行我素。给予型人格者喜欢关注那些成功者或者潜在的成功者，而领导型人格者就是这样的人。因此，给予型人格者往往会对领导型人格者表现出格外的关注，更会通过改变自己的形象来讨好领导型人格者，赢得领导型人格者的欢心。

面对顺从自己的给予型人格者，领导型人格者得到极大的满足，也会对给予型人格者做出相应的权威保护。而在获得领导型人格者的信任后，给予型人格者更是会全心全意地为其出谋划策，帮助领导型人格者实现目标。

但是，当领导型人格者感到安全时，就会向给予型人格者性格靠拢，会用领导型人格者的方式表现出对给予型人格者需求的关注。也就是说，领导型人格者可能会控制给予型人格者的生活，或者为他们的目标提供坚实的支持。这种对给予型人格者过度的关注反而使得给予型人格者感觉领导型人格者在主宰一切，而给予型人格者只喜欢操控别人，不喜欢被操控，更不喜欢暴露自己的需求，因此就容易激发给予型人格者的反抗意识，使得给予型人格者在压力状态下向领导型人格者性格靠拢，双方的矛盾也由此激发。

如果给予型人格者和领导型人格者组成家庭，他们可以成为相互支持的爱人，也可以成为分外眼红的仇人。这对夫妻在一起的关键是给予型人格者的诱惑和领导型人格者的力量，他们都希望成为伴侣生活的中心，在双方的关系中，身体的吸引力占据相当大的比重，他们都会表现得十分性感。当二者在九型人格的 2号人格位相遇时，双方关系的关注点会放在领导型人格者的生活上，领导型人格者渴望获得成功，而给予型人格者则因帮助领导型人格者实现愿望而感到骄傲。但是，当两人在九型人格的 9号人格位相遇时，他们往往充满了强烈的憎恨，原来的情人就会变成仇人。

如果给予型人格者和领导型人格者成为工作伙伴，他们能够因为彼此信任而同步行动：领导型人格者唱黑脸，给予型人格者唱白脸。也就是说，领导型人格者扮演着严肃的角色，而给予型人格者则是和员工打成一片的人；领导型人格者是强制执行者，给予型人格者是协商让步者。只要给予型人格者能够获得足够的关注，而领导型人格者也愿意放弃一定的控制权，双方的合作会非常出色。反之，如果双方都表现出超强的控制欲，就容易引发矛盾和冲突。

总之，无论是在家庭还是在工作中，给予型人格者和领导型人格者相遇，都需要领导型人格者表现出对给予型人格者所期望的关注和认可，而给予型人格者也要持续给予领导型人格者善意而真诚的帮助，只要彼此能守住自己的性格防线，不向对方的性格靠拢，往往能维持和谐的关系。

2 号给予型人格者 vs 9 号协调型人格者

给予型人格者和协调型人格者有着共同之处：忽视自己的需要。因此，他们常常把对方当成自己，他们甚至不需要语言交流，就能深深影响对方。但是二者的动机并不相同：给予型人格者想从对方身上找到自我，而协调型人格者则想从对方身上找到一个生活的理由。给予型人格者往往能够帮助协调型人格者找到这个生活的理由。

然而，随着接触的深入，协调型人格者会逐渐察觉出给予型人格者隐藏的控制欲，会觉得自己受到了控制，危机就出现了：协调型人格者认为自己是在满足给予型人格者没有表达出来的需求，一旦感觉自己被给予型人格者控制，他们就不再与给予型人格者合作，这就使得给予型人格者感到自己不被认可，就会暴跳如雷，或者激起给予型人格者的挑战欲，对协调型人格者纠缠不休，而协调型人格者又以沉默相对，从而进一步激发给予型人格者的愤怒。

如果给予型人格者和协调型人格者组成家庭，他们往往是默契较好的情侣。他们能很好地融入对方的生活中，能够感知对方的情绪，满足对方的需要。很多时候，只要一方的一个眼神等微小动作，另一方就完全明白了对方的意思。给予型人格者喜欢付出爱，并经常认为关注就等于爱，协调型人格者享受被爱的感觉，因此双方都可以用爱来开启真正的心灵接触。但给予型人格者对协调型人格者的过度关注也常常束缚了协调型人格者的自由，这就容易引起协调型人格者的反抗——冷暴力，进而激发给予型人格者的愤怒，矛盾也就因此产生。

如果给予型人格者和协调型人格者成为工作伙伴，他们默契十足的合作就能将他们的潜能发挥出来，常常能高效优质地完成工作任务。当他们目标一致时，给予型人格者能很好地激发协调型人格者的潜力，协调型人格者能督促给予型人格者更专注地完成工作。在一个团队中，给予型人格者擅长发现潜在的胜利者，并把他们安置在机构的重要位置上；协调型人格者会去倾听他人的心声和感受，听取各方面的意见，努力避免冲突的发生。

总之，无论是在家庭还是在工作中，给予型人格者和协调型人格者相遇，都需要给予型人格者适时激发协调型人格者的潜力，而协调型人格者则要专注于自己的潜力开发，这样才能真正融入彼此的情感中，维系亲密和谐的合作关系。

第4章

3号：脚踏实地的实干型人格者

他们是你身边最力争上游的人，强烈的进取心让他们仿佛夜幕中的群星一般闪耀，只要认定了目标，他们会不惧各种困难，竭尽全力甚至不择手段地去完成。高效率与高执行力是他们的代名词，大家眼中的那些勇攀高峰的"成功人士"，多半是这种人格类型的人。

鲜花与掌声，财富与地位，凡是一切象征着"成就感"的东西，都是他们毕生所求。他们适应环境的能力非常出色，环境需要什么样的人，他们就会变成什么样的人，甚至不惜抹掉真实的自我。他们最不希望自己沦为对社会无用的人，在追逐成功的路上，他们生性要强、厌恶失败、崇尚竞争，是个热衷名利的现实主义者。

他们就是3号实干型人格者，又称成就者、促动者、实干家。

第一节　一路苦干向前冲

实干型人格者有几个显著的特点，即重视名利、注意形象、喜欢出风头、有野心、有强烈的目标感，同时也具有投机取巧、自私自利、不择手段和爱说谎的特质。在和实干型人格者交往的过程中，你最容易听到的词语就是"可以""绝对没问题""保证完成"等。

在我国，普遍认为深圳、上海、广州等城市有着众多实干型人格者存在，因为这些城市快节奏和高效工作的环境正是实干型人格者成长的摇篮。实干型人格者最在意的是事情本身，他们总想着如何将一件事情做成。在九型人格中，虽然给予型人格者、实干型人格者和浪漫型人格者都属于用心做人的一类，但区别在于给予型人格者在意的是人，浪漫型人格者在意的是感受，而实干型人格者在意的是事情。

举一个例子：如果实干型人格者买车了，他会打电话告知自己的朋友。朋友说："知道了。"但实干型人格者绝不会满足于这个简单的回答，他会开车去找自己的朋友，直到朋友亲眼看到了他的车，他才感到舒服。

实干型人格者最害怕的事情就是没有成就感和不被别人认可，在和朋友的交往中，如果他被人认为一事无成或碌碌无为，他们就会很受伤。实干型人格者最大的愿望就是能被所有人接受和认可，他们希望大家都知道他的成就并给予鲜花和掌声。如果他的成就没被周围人知道，实干型人格者就会感到极大的不满足。

实干型人格者特别喜欢学习，只要是对他有所帮助的东西，他都会学习。所以，对于实干型人格者来说，每天的时间都很紧张，除了那些已经实现了自己目标的人，实干型人格者大部分都是工作狂。

实干型人格者特别富有激情，喜欢与周围人打成一片。他们有很强的目标感，会为了达到目标去做任何事情。

实干型人格者的行动能力很强，他们不会花费很多时间用来思考一件事情，而是采取行动完成它。

实干型人格者和别人交流时，你会感觉到他们说话的方式很夸张，喜欢开玩笑。这个时候，你就要用心留意实干型人格者的玩笑了，他们不会无缘无故地讲一个笑话，而总是抱着某种需求和目的。在九型人格中，享乐型人格者也同样喜欢开玩笑，但是他们不像实干型人格者这么有目的，他们只是觉得好玩，纯属娱乐。

实干型人格者不喜欢单调乏味的工作环境，越是有趣和有创意的工作，他们越喜欢。如果工作没有挑战性，实干型人格者不久便会厌倦和辞职。一般来说，他们喜欢从事的工作是策划、指挥和执行。同时，实干型人格者不喜欢太多的规矩，他们无论在哪个公司都喜欢做领头羊，喜欢支配别人。

实干型人格者喜欢围绕在大红大紫的人面前，在他们看来，只有跟着这些成功人士，自己才能取得成功，他们从来不会出现在那些处于低谷和失败的人面前。在不成功和处于低谷的人面前，出现的大多是浪漫型人格者和质疑型人格者，也有一些享乐型人格者。

实干型人格者很爱面子，当自己处于逆境时，他们会高度戒备周围的人，害怕别人会因此而小看自己，他们宁愿躲起来自己疗伤，也不会找其他人倾诉和抱怨。所以，实干型人格者展露在众人面前的都是光鲜亮丽的外表。

值得注意的是，实干型人格者一般属于躁郁型性格，他们办事急躁，急于用成功证明自己，急于吸引大量的注意力；如果当下不能做出特别有成就的事情，他们可能会去做一些不好的事情来吸引别人的注意力；哪怕只是一些微不足道的成就，他们也会拿出来和别人分享，以满足自己的虚荣心。这样的实干型人格者有时会让人觉得过于肤浅和现实。

此外，人们将处于逆境中的实干型人格者称为"发霉的实干型人格者"。比如，在孩子本该青春张扬、活力四射的年纪，父母却普遍要求自己的孩子要低调，不要太出风头，否则就会"枪打出头鸟"。在这种思想的引导下，实干型人格者的发展会受到阻碍，使他们很难活出真正的自我。

第二节　兢兢业业的职场"模范"

奋斗精神是各种成功学里都会提到的关键词，企业管理者也无不希望自己手下的员工能像机器人一样认真而努力地工作，但大多数人都不会长时间拿出100％的力量来工作，总是会打不同程度的折扣。然而实干型人格者则是个例外，他们非常喜欢忙忙碌碌的快节奏生活，论奋斗精神，他们在所有的人格类型中高居榜首。

实干型人格者害怕失败、渴望成功，所以始终保持很高的紧张度，不敢停下脚步。他们想成为大家羡慕的人上人，而要获得这些成就，就必须用加倍的努力来换取。

在这种观念的驱使下，实干型人格者倾向于抓紧生命中的每一分每一秒，唯恐虚度光阴。当其他人对堆积如山的工作叫苦不迭时，他们反而暗暗感到高兴，因为这能让他们完成更多的业绩。实干型人格者最怕成为没有价值的闲人，一旦任务结束就会觉得精神空虚，他们不找点事做的话，会感到很不自在，浑身不对劲，唯有忙起来才能让他们感到自己还有重要价值。

艰苦的奋斗精神往往能让实干型人格者脱颖而出，他们获得更高的地位以后，会朝着更高的目标继续前进。这种品格可以为他们带来更多的收入和成功机遇。

除了比常人付出更多努力外，实干型人格者的另一个特征是会全面模仿大众认可的精英形象。他们渴望跻身精英阶层，希望能变得像那些人一样优秀，因而他们非常关注社会对成功人士的主流评价标准，公众所认为的真正的成功，就是他们不断努力的方向。当社会的评价标准发生变化时，他们会毫不犹豫地按照新标准来要求和改变自己，此举是为了以最高的效率来获得成功。假如评价标准混乱不堪，实干型人格者将变得无所适从。

在所有性格类型中，实干型人格者是职场中最热衷于获得成就感的人，这种成就感包括：完成一项有挑战性的任务，获得比别人更高的职务和薪水，做出大家都能看到的优秀成果。

他们最不喜欢做那些平淡无奇、单调枯燥的工作，也不喜欢那些费力不讨好的任务，因为这些工作不能给他们带来看得见的成就，不能充分展现他们的能力。换言之，当你交给实干型人格者一个竞争激烈、难度极高且能取得实质性成果的工作时，他们会爆发出更多的能量去努力拼搏。

第三节　实干型人格者的代表人物

随着电影版和电视剧版《杜拉拉升职记》的热播，大家认识了一位能吃苦、能坚持的新世纪女性——杜拉拉，她通过自己的坚持和努力，从一个基层小员工一直做到公司的人力资源总监，可谓万千人心目中的奋斗偶像。她所代表的形象就是现实生活中的实干型人格者。

实干型人格者最典型的特征就是脚踏实地，他们做任何事情都具有很强的目的性，他们追寻的目标就是成功。他们绝不会安于现状或满足于自己目前所拥有的财富和地位，而是会不断努力提升自己，使自己变得更加优秀。杜拉拉身上就具有这些显著特征。

在杜拉拉的升职过程中，我们可以看到这样几个事实：杜拉拉本人特别好强，身上有种不服输的劲头，别人不看好、觉得无法完成的事情，杜拉拉却一定要完成，并且还要比别人的预期完成得更好。比如，杜拉拉所在的公司要搬家，这是一件劳民伤财的事情，别的人一听说，都找各种理由推卸，因为这不但要得罪人，还有可能无法按时完成任务。正在高层领导左右为难之际，杜拉拉主动请缨为领导分忧，同事们都幸灾乐祸地准备看杜拉拉的笑话，看她如何因完不成任务而颜面尽失。但是，最终杜拉拉提出了一个完美的方案，成功解决了搬家的麻烦，不但得到了领导的认同，还让其他同事刮目相看。

永远不会认输是杜拉拉身上的显著特质，同时也是实干型人格者身上的标志。正是因为具备这种特质，杜拉拉才会大无畏地接受任何挑战，并且竭尽全力完成这些艰巨的任务。

杜拉拉身上这种不达目的誓不罢休的劲头和勇气也切合了实干型人格者的典型特征，他们为了达到自己的目的，不惜采用任何手段，有时明知不可取，但为了自己的目标，实干型人格者仍会放手一搏。

除了之前提到的典型事例可以证明杜拉拉是一个实干型人格者外，杜拉拉日常生活中表现出的一些细节也证明了这一点：

其一，杜垃拉面试时，公司的面试人员和蔼地问她："为什么要离开之前的那家公司？"杜拉拉没有说出自己是因为受到上司的性骚扰而辞职，而是回答说："因为一些内部原因，但是主观原因是我有自己的职业理想！"杜拉拉的这句话看似漫不经心，实则说明她是一个有魄力、有主见、有思想的人。

其二，杜拉拉应聘到公司后，每天都会在公司的办公楼下换高跟鞋和补妆。为了锻炼身体，杜拉拉每天跑步上班，但是在走进办公楼之后，她清楚自己是一个职场人，所以她会做出一个职场人应有的姿态——换鞋和补妆。从这个细节上，我们也可以看出杜拉拉对工作严肃认真的态度。

其三，在向公司上层递交自己的工作方案时，很多人都是按照华丽、醒目的基调设计方案，但是杜拉拉的方案却是本着节省原料和成本的原则设计的，虽然没有别人的高端华丽，但是杜拉拉的方案却实际耐用，并被最终采纳，这正说明了公司看重杜拉拉为公司的长远利益的打算。

其四，在面对批评的时候，杜拉拉能虚怀若谷地看待和接受。当上司训斥或者批评了自己，杜拉拉能认真检讨自己的错误并改正，而不是在私下抱怨。

正是因为杜拉拉身上的这些特质，才使她成为一个一路高升的职场成功人士。同样，也是因为这些品质，让我们看到了实干型人格者在完成自己的目标时所付出的艰辛和努力。

很多人都想成为杜拉拉，拥有让人羡慕的事业，可并不是每个人都能付出像杜拉拉一样的努力。要想学习杜拉拉，就要培养实干型人格者需要具备的个性特征，不管做任何事情都要学会脚踏实地，有不达目的誓不罢休的勇气，一旦确立了自己的目标，就要朝着目标坚持不懈地努力。

"不抛弃，不放弃"是像杜拉拉一样的实干型人格者的口头禅，在追求事业成功的道路上，也希望它会成为你的座右铭。

第四节　实干型人格者的性格调整

实干型人格者总是干劲满满，脚踏实地，更重要的是，他们具有一种能带动其他人一起努力的感染力。他们秉持"活到老、学到老"的人生理念，坚持给自己寻找人生的乐趣。不管是对自己，还是对工作，实干型人格者都保持着积极向上的形象，他们愿意支持公益事业，也愿意成为一个领导者。

一般而言，实干型人格者都认为自己的心理是特别健康的，那些整天无所事事、脱离社会节奏、不努力提高自己的人才会感到沮丧和悲观。实干型人格者完全不会发现自己成功塑造的虚假自我与内心情感需求之间的巨大差异，他们自认为没有疑惑、沮丧和悲伤的负面情绪，所以他们也不会关注自己情绪上的发泄，因而他们情感触及的范围是非常狭小的。

在实干型人格者努力将自己打造成一个成功人士时，他们没有时间来关注自己的情绪。只有在被迫停止工作之后，他们才可能真正关注自己的情感需求。可是，被迫停止工作对于实干型人格者来说是非常可怕的，因为他们会担心自己的价值流失，并且开始对自己的工作能力产生怀疑。所以，实干型人格者是一个停不下脚步的"工作狂"。

身为实干型人格者要知道，并不是每个人都和你一样具有野心，要花点时间和精力倾听别人的声音，并且探寻他们身上的优点和长处；要不时检查自己的行为，看自己是否在勉强和压榨周围的人；要及时与他人沟通，看看你的要求是否在别人能忍耐的范围之内，切莫勉强别人做能力范围之外的事情。

当生理的困扰或者失败的打击致使实干型人格者不能正常工作的时候，他们不得不面对自己真实的情感需求。面对自己无法回避的感情时，实干型人格者应该尝试接受自己的生理和情感反应，尤其是那些曾经被自己屏蔽的感觉，比如困惑、害怕以及不知所措的恐惧。

对于实干型人格者来说，以下做法对他们是有所帮助的：

第一，要学会适时地停止忙碌。给自己真实的情感和思想留下足够的时间，反思是什么在驱使自己不停地工作，找到自己担心的根源，并且直接面对。

第二，不要让自己的行为变成机械反应。你是一个有血有肉的人，除了有生产劳动价值之外，也会有情感方面的需求，要定时满足自己在情感方面的需要。

第三，不要夸大自己的能力，认为自己是离不开的关键人物，而别人可以忽略不计。一个人的能力总是有限的，集体的智慧才是无穷的，要尝试让自己依靠别人的力量，感受别人身上存在的巨大价值。

第四，遇到困难的时候，不要通过寻找新的工作来逃避困难，也不要无视自己的失败，更不要抱怨和批评别人。

第五，不要将自己放在虚假的成功幻想中，要认真分析问题以及自己的真实能力，不要急于向外界证明自己的成功，真正的成功是不需要努力证明的。

第六，不要回避自身的感觉和体验，一旦有了不良情绪，最好立即停下手头的工作用心体验，不要疑惑这种情绪是否应该产生。

第五节 与实干型人格者的相处之道

3 号实干型人格者 vs 3 号实干型人格者

对于实干型人格者来说，他们追求成功、喜欢竞争，并认为自己有着绝对的优越感，从而使自己在竞争中获胜。当两个实干型人格者走到一起，很容易形成势均力敌的竞争局面，打成平手的概率很大，单方获胜的概率很小，这容易给实干型人格者带来深深的挫折感，极大地挫伤实干型人格者的积极性。

两个实干型人格者组成家庭的概率很小，即便他们组成一个家庭，也很难共同生活下去。他们往往都是工作狂，都专注于自己的事业，都想追求自己的成功，都希望利用对方来获取自己的利益。因此，他们的生活常常充满尔虞我诈的争斗，将本该甜蜜的感情生活变成了一场你死我活的商战，没有半点温情存在，这样的感情注定不会长久。当然，他们也可能维持各自为政的局面，互不干涉，也互不关心，表面上看起来他们相敬如宾，实际则是"相敬如冰"。但是，如果实干型人格者夫妻能确立共同的大目标，并懂得分工合作，获取共同的成功，也能维持一段较为长久的婚姻。但在婚姻中，实干型人格者必须学会正视自己的情感，给予伴侣更多感情关怀。

如果两个实干型人格者成为工作伙伴，他们能在企业发展时期形成暂时的和谐关系，这时，他们有一个共同目标——生存，因此他们常常互相学习、携手合作、共同奋斗。这时的实干型人格者往往是企业最好的活广告，他们对于快节奏、快速周转的生意模式有一种自然的亲近感，他们还擅长启动具有大量潜在利润的全新项目，这正是一个处于迅速上升期的企业所需要的。但是，当企业进入稳定发展的时期，生存的压力不复存在，两个实干型人格者之间就会由原本的和谐关系变为竞争关系，他们都希望在竞争中获胜，而要获胜就必须要打倒对方，因此他们就会互相仇视。这时，如果企业能够给予两个实干型人格者各自的发展空间，不使其处于对立的竞争状态，就能让两个人才为己所用，创造更多的价值。

总之，无论是在家庭还是在工作中，两个实干型人格者相遇，都要学会建立共同的目标，或是选择不冲突、不对立的目标，才能有效避免竞争，友好和平地相处。

3号实干型人格者 vs 4号浪漫型人格者

实干型人格者追求成功，并希望人们因为这些成功来尊敬自己，为了吸引他人的注意力，实干型人格者常常会塑造有魅力的外在形象；浪漫型人格者追求特立独行，并希望人们因为这些特立独行而注意到自己，为了吸引他人的注意，浪漫型人格者常常会塑造时尚新潮的外在形象。由此看来，实干型人格者和浪漫型人格者都看重自己的形象和他人对自己的态度，这使得他们之间有一个相似的目标，但因为他们的关注点不同，又避免了他们之间的竞争关系，因此，实干型人格者和浪漫型人格者能组成较为和谐的关系。

但是，也正是因为他们彼此的关注点不同，而容易引发矛盾：实干型人格者不关注感情，遇到问题时，他们会先处理事情，再处理感情；而浪漫型人格者过于关注感情，遇到问题时，他们会先处理感情，再处理事情。这往往导致两人在生活和工作态度上的巨大分歧，如果各自都固执己见，矛盾将难以调和。

如果实干型人格者和浪漫型人格者组成家庭，他们会是合拍的一对，他们的生活方式会散发出成功的优雅。他们都追求自我价值的体现，但他们追求的方式又如此不同，就形成了对彼此的吸引力：实干型人格者迷恋上浪漫型人格者强烈的内心世界，这和他们自己渴望获得公众认可的感觉十分相似；而在浪漫型人格者看来，实干型人格者见多识广，处事老练，让他们羡慕。但随着接触的深入，彼此的矛盾也凸显出来：实干型人格者过于关注工作，很难给予浪漫型人格者渴望的感情呵护，致使浪漫型人格者变得情绪波动或者抱怨指责，或是陷入深深的犹豫中，这种消极悲观的情绪就会和实干型人格者乐观积极的人生态度发生冲突。如果彼此都能适当收敛自己的追求，适当关注对方的感受，就能维持一个幸福婚姻。

如果实干型人格者和浪漫型人格者成为工作伙伴，他们彼此的差异可能让他们在工作上相互支持，也可能为彼此带来灾难。实干型人格者不断进取的态度能确保他们会源源不断地生产，而浪漫型人格者则会确保他们的产品不仅是成功的，而且是一流的。当浪漫型人格者因为他们特殊的、富有争议性的贡献而被看重，并且在实干型人格者的支持下最终获得成功时，双方的合作就得到了最有效的发挥。如果双方都把对方当作竞争对手，情况就没那么好了，他们都想获得认可，所以宁愿斗到两败俱伤，也不愿放弃、认输。

总之，无论是在家庭还是在工作中，实干型人格者和浪漫型人格者相遇，都需要建立一个共同的大目标，然后分工合作，才能高效、优质地完成任务，达到目标。

3 号实干型人格者 vs 5 号探索型人格者

实干型人格者开朗活泼，他们总是积极乐观地面对生活，因此他们多是外向性格。而探索型人格者冷静沉着，他们总是静静地观察生活，并不愿意主动出击，因此他们多是内向性格。当实干型人格者和探索型人格者走到一起，他们使自己的外向性格和内向性格进行融合，促使双方获得更好的发展。

在双方的关系中，实干型人格者常常是主动靠近的一方，他们注重效率，有时会急于求成，冒冒失失地闯入探索型人格者的个人世界，使得探索型人格者感到自身安全受到威胁，就会越发收缩自己，加强自己的防御机制，抗拒实干型人格者的主动接近。

如果实干型人格者和探索型人格者组成家庭，他们常常是外向和内向性格的完美结合。实干型人格者积极乐观的形象是探索型人格者渴望的，实干型人格者主动靠近的方式也能帮助探索型人格者提高自身的主动性，从而使得实干型人格者最终被探索型人格者所接受，成为伴侣。在实干型人格者高速前进的过程中，探索型人格者能够沉着冷静地观察到实干型人格者所忽略的细节问题，并及时给予提醒，使实干型人格者更易成功。但是，实干型人格者对于工作的过度关注，使得他们很少有时间陪伴探索型人格者，而探索型人格者又缺少自己的社交活动，这就常常使探索型人格者感到孤独，长此以往，探索型人格者内心深处的愤怒就会爆发。

如果实干型人格者和探索型人格者成为工作伙伴，他们一个有头脑，一个有能力，是商业合作中最常见的伙伴关系类型。在合作中，探索型人格者负责分析，提出最基本的观点和理念，而能量充沛的实干型人格者把概念扩大，变成可以实际销售的产品，负责处理公共事务，如与外界联系、应对竞争对手、排除外界对探索型人格者的干扰等。但当遭遇问题时，彼此的分歧就会出现：实干型人格者会去修改负面的信息，来保护自己的公众形象；探索型人格者则会对麻烦置之不理，导致问题得不到解决。如果他们在面对问题时，能够把解决问题的过程分为多个阶段，然后通过定期开会来分段处理，就会产生不错的效果。

总之，无论是在家庭还是在工作中，实干型人格者和探索型人格者相遇，都需要彼此去适应对方的生活方式，更要在彼此的分歧中寻找共同的目标，并懂得分工合作，取长补短，才易成功。

3号实干型人格者 vs 6号质疑型人格者

实干型人格者喜欢唱独角戏，尽管他们也和别人合作，但他们希望自己表现突出，成为工作中的佼佼者，更需要别人认可他们的成绩。而质疑型人格者恰恰喜欢怀疑他人，尤其喜欢怀疑那些成功者，这就容易将自己放置在实干型人格者的对立面上，激发实干型人格者的恐惧和反抗。

因此，当他们走到一起，往往不会出现和谐的局面。因为实干型人格者和质疑型人格者常常形成对立关系，他们组成家庭的概率较小，即便组成家庭，也难以维持长久稳定的关系。如果处于健康状态下，实干型人格者开始关注自己的情感世界，质疑型人格者的怀疑思维就会促使他们从新的角度去认识自己，从而发现真正的自我；质疑型人格者渴望主动前进，实干型人格者积极乐观的态度正好能有效激励他们，这时，二者就能形成互助的和谐关系。

如果实干型人格者和质疑型人格者成为工作伙伴，他们则是合拍的一对：在合作中，质疑型人格者是新鲜想法的设计者，能够为企业的产品或服务带来创新；而实干型人格者是富有创意的推广者，他们具有较强的执行力，能够把质疑型人格者周全的构思变成现实，更擅长对质疑型人格者的概念进行包装和促销，同时，他们还对市场有敏锐的判断力，能够快速抓住工作的兴趣，完成销售。但是当他们形成上下属关系时，就不再和谐：当实干型人格者领导遇到质疑型人格者下属时，需要时刻奖励质疑型人格者的成绩，才能激发质疑型人格者的持久战斗力；当质疑型人格者领导遇到实干型人格者下属时，其谨小慎微的管理风格很容易激起实干型人格者的反抗。

总之，无论是在家庭还是在工作中，实干型人格者和质疑型人格者相遇，都需要彼此学习尊重他人的生活方式，更要懂得相互配合，取长补短，才能促进双方共同进步。

3 号实干型人格者 vs 7 号享乐型人格者

实干型人格者与享乐型人格者都注重自我利益，都表现得野心勃勃，都渴望成功，并且都能为了自己追求的成功而忙碌不停。因此，他们有许多相同的目标，也会有许多相同的兴趣、话题，也就能较好地沟通合作。

但他们的关注点也有所不同：实干型人格者关注自我利益中的财富和地位，他们喜欢通过社会地位来证明自己的价值，从而建立自我意识；而享乐型人格者关注的是成功带来的快乐，他们通过占有身外之物来证明自身的存在。而且，双方都是自我的人，因此常常忽视对方，容易激发矛盾。

如果实干型人格者和享乐型人格者组成家庭，他们富有魅力的形象对彼此有着极大的吸引力，随着进一步的接触，他们会发现彼此拥有很多共同的兴趣、目标和话题，在不断的交流中，他们的关系也不断亲密。但是，双方都过于看重两人关系中快乐的成分，而忽视了关系中的缺陷——双方都太忙了，难以抽出时间陪伴对方，就容易出现沟通上的问题。如果他们懂得收缩自己的兴趣范围，抽出时间来陪伴对方，并寻找一个共同的目标去体验，比如，每周在一起洗一次桑拿浴，或者每周设定两小时的相互拍照时间，就能让彼此都快乐。

如果实干型人格者和享乐型人格者成为工作伙伴，在项目创办之初，他们往往发挥出色，都会保持积极向前的态度，通过不断扩大选择范围来保持自己对工作的兴趣；着眼于未来的享乐型人格者把多样的选择有趣地结合在一起；实干型人格者则用他们现有的财产作为赌注来争取明天的成功，这两种人都会同时投入到好几个项目中，或者让同一个项目朝多个方向运作。但是，当合作到了尾声，他们会因为追求的结果不同而产生较大的分歧，甚至可能导致分道扬镳：实干型人格者追求目标和结果，他们可能因为效率而牺牲质量；享乐型人格者追求过程中的快乐，在他们看来，过度的高效就是一种乏味，那是他们不能接受的。当他们处于上下属的关系时，这种矛盾更是不可避免。

总之，无论是在家庭还是在工作中，实干型人格者和享乐型人格者相遇，都需要实干型人格者能放缓前进的速度，更多关注过程中的细节；享乐型人格者也要克制自己自私的享乐主义行为，更多地为团队着想，这样双方才能拥有一次快乐的合作。

3号实干型人格者 vs 8号领导型人格者

实干型人格者和领导型人格者都追求个人的权力，都野心勃勃、富有竞争精神，他们都希望在人群中突出自己。不同的是，领导型人格者非常自信，他们不愿意花时间去说服自己，这并不是因为他们害怕，而是希望别人主动为自己让路，他们看重物质、政治和性等多方面的主动权；而实干型人格者则常常企图用自己成功的形象来说服别人，因为他们害怕不被认可，只得主动出击，而且他们更多地看重社会地位方面的主动权。由此来看，领导型人格者仿佛是实干型人格者的升级版，因为注入了过多的自信而自我膨胀，希望自己是领导者、决定者和当权者，希望世界按照他们的想法运转，也就是说，他们对于成功的要求更高。当实干型人格者面对这样强化的自己——领导型人格者时，冲突在所难免。

在九型人格大师海伦·帕尔默看来，实干型人格者和领导型人格者可以说是"濒临绝种的夫妻类型"，也就是说，他们组成家庭的概率微乎其微。他们都会主动向对方靠近，但彼此采取不同的方式：领导型人格者想要保护对方，而实干型人格者想要帮助对方，彼此的方式都过于强硬而自我，给人压迫感，常常引起对方的反感和反抗。而且他们又都不关注自身的情感，也就不懂得表达真情，常常在彼此间造成误会和矛盾，反而关系越推越远。当然，如果他们能够敞开心扉，真诚地表达自己心中的爱意，并且能够相互信任、相互肯定，也能拥有甜蜜而持久的爱情。

如果实干型人格者和领导型人格者成为工作伙伴，他们常常处于竞争状态，而不是合作状态。他们都希望掌控工作的主动权，都注重结果而不是过程，当对方妨碍到自己的工作时，都会直接做出激烈的反抗行为，这就容易激发并恶化彼此间的矛盾。但是，实干型人格者又是擅长变通的，他们在为自己获取利益时能够适当服从他人的安排，也就是说，实干型人格者是决定彼此状态的关键人物。如果领导型人格者作为领导，实干型人格者作为下属，他们常常能积极地合作，但前提是领导型人格者要对实干型人格者的成绩给予奖励；而当实干型人格者领导遇到领导型人格者下属时，则需要确保领导型人格者的发展前途。

总之，无论是在家庭还是在工作中，实干型人格者和领导型人格者相遇，都需要实干型人格者善用自己变通的能力，避免和领导型人格者"硬碰硬"；领导型人格者也要注意肯定实干型人格者的成就，只要彼此尊重，就能建立和谐的关系。

3号实干型人格者 vs 9号协调型人格者

实干型人格者与协调型人格者都具有很强的适应能力，都在寻求别人的接受，而且，他们的性格也能形成互补关系：实干型人格者总是目标明确、追求成功，而且能够为了自己的目标不断努力，直到达到目标为止；而协调型人格者总是找不到生活的目标，对自己的目标也缺乏投入和动力。当实干型人格者和协调型人格者走到一起，协调型人格者往往以实干型人格者的目标为目标，并受到实干型人格者实干精神的影响，调动自身的积极性，开始为实现目标而努力奋斗。

但是当双方在实现目标的过程中受挫时，就会对目标产生怀疑，实干型人格者会觉得沮丧，或是迅速寻找新的目标；而协调型人格者则又会回到以前那种无所事事的麻木状态，情绪低迷，推卸责任，对任何活动都提不起兴趣，似乎每天都在梦游一样。协调型人格者这种消极的情绪很容易对实干型人格者产生负面的心理影响，导致实干型人格者不能快速地寻找到新的目标。

如果实干型人格者和协调型人格者组成家庭，实干型人格者往往是家庭生活的中心人物，他们强烈的目标性对协调型人格者有着巨大的吸引力。因为协调型人格者总对生活漫无目的，不知道该追寻什么，他们往往在面对选择时无所适从，所以他们更愿意把目光投向伴侣，以伴侣的目标为准展开追寻，并且从中获取慰藉，觉得他人的生活比自己的更加丰富多彩。所以，协调型人格者会被实干型人格者的兴趣目标所吸引，并深深执着于此，觉得这就是他真正想追寻的东西，而且还会自我催眠，告诉自己说："看，我终于找到了我自己，我知道我想要什么样的生活了。"当实干型人格者的目标遭遇失败，已有的目标丢失，双方沟通的媒介也就消失，直到实干型人格者找到新的目标，这种沟通才会重新启用。

如果实干型人格者和协调型人格者成为工作伙伴，也是以实干型人格者的目标为中心，协调型人格者会将自己的活动频率自动调节为实干型人格者的活动频率，从而融入实干型人格者的工作中，使自己也成为积极进取的人。他们会为了在规定日期之前完成工作而加快速度，让自己的能力保持在一定水平之上。总之，协调型人格者能很好地融入实干型人格者的工作中，有效避免冲突。但是当协调型人格者领导遇到实干型人格者下属时，协调型人格者的犹豫态度常常使实干型人格者感到威胁，觉得自己的发展受到极大的限制，双方就容易发生冲突。

总之，无论是在家庭还是在工作中，实干型人格者和协调型人格者相遇，都需要协调型人格者更多地去适应实干型人格者的工作，激励自己更积极主动地寻求自我发展；而实干型人格者也要学习协调型人格者融入他人的能力，才能构建一个和谐的关系。

第5章

4号：跟着感觉走的浪漫型人格者

他们是你身边最特立独行的人，细腻而多变的情绪让他们拙于应对人情世故，也不太适应群体生活，甚至会与社会主流的价值观背道而驰。对于他们来说，放弃真实的自我比失去生命更加难以忍受。他们一生不甘平庸，不断地追问生命的意义，追求艺术的灵感。悲情的浪漫主义是他们特有的色彩，缺乏创意和激情的生活，会让他们备感折磨。

他们总是在远离世俗的精神家园里品味着心理上的孤独，渴望与灵魂深处的自己对话。对世界与人性的关怀，使得他们敏感而悲观，无论物质上多么富有，都无法填补他们因感知世间缺憾而产生的痛苦。他们比任何其他类型的人都向往真善美，也乐于制造唯美的生活气息。

他们就是4号浪漫型人格者，又称个人主义者。

第一节　天马行空的职场"艺术家"

大多数浪漫型人格者在早期的职业生涯中会陷入迷茫，他们最初只是跟着别人的脚步走，去从事大家眼中的好职业。但是，他们毕竟不是现实功利的实干型人格者，而是所有人格类型中最具有理想主义色彩的那一类人，遵从内心的感觉对浪漫型人格者来说比什么都重要。换言之，他们是最执着于找到"理想工作"的群体，而残酷的现实往往很难令其如愿以偿，导致其内心变得纠结和恐慌。

浪漫型人格者喜欢追随内心的呼唤，如果不能展示独特的自我，就会感到十分痛苦。他们最讨厌的就是千篇一律、按部就班，这会不断消耗浪漫型人格者的灵感，使其一天天地枯萎下去。

浪漫型人格者心中充满浪漫的幻想，喜欢寻找生命的意义，也希望做有意义的工作，这是因为他们想借助工作内容来表现最真实的自我，发扬自己的生命美学。拒绝平凡可以说是他们毕生最大的追求，而要想做到这一点，必须获得理想中的工作。因此，浪漫型人格者往往倾向于从事需要发挥个人创造力的工作，而且希望得到更加自由的工作时间、更灵活的工作方式，以及更有利于激发个人灵感的工作环境及工作内容。这也是浪漫型人格者中涌现出很多作家、艺术家、设计师、思想家的主要原因。

而那些未能从事原创性工作的浪漫型人格者也不会简单地认命，而是极力从平凡的工作岗位中寻找新的意义。通常来说，他们会把手头的工作上升到一种艺术的层次，比如，从事厨师行业的浪漫型人格者会追求极致的烹调艺术。唯有在平凡的工作中发掘出独特的美学，才能让浪漫型人格者感觉自己的工作对世界产生了价值。他们最担心的恰恰是自己会沦为社会大机器中一个随时可以代替的齿轮，因此在工作中拒绝平凡的深层含义，就是塑造无法代替的独特的自己。

所以，浪漫型人格者无论从事什么职业，都不会停止寻找自己的理想，都希望通过以前所没有的方式获得不一样的成就。这是他们特有的固执，也是其创造力与灵气的源头，倘若不如此，浪漫型人格者就会感觉自己已经沦为行尸走肉。

浪漫型人格者在理想与现实的差距中容易日渐撕裂，但只要找到了自己的目标和定位，就会迸发出巨大的激情与惊人的能量，以无与伦比的使命感来贯彻自己的成功美学。对于浪漫型人格者而言，工作就该是践行个人美学的主要途径，他们会为了这个目的奉献自己的一切，直到完成心中的梦想。

第二节　浪漫型人格者的代表人物

说起理想和多情这两个词，大家可能不约而同地想到神话故事和传奇小说，毕竟那里面才会存在真正意义上的理想主义和浪漫多情。有一个特别理想主义并多情的人，她就是曹雪芹笔下的林黛玉。为什么说林黛玉是一个既理想又多情的人呢？

首先，从《红楼梦》的整体构思来看，林黛玉的前身是西方灵河岸边三生石畔的绛珠草。"西方灵岸"，一看名字就是一个非常具有浪漫主义色彩的地方，上面的绛珠草毋庸置疑更散发着浪漫主义气息，同时，绛珠草被爱好"红学"的人解释为蘑菇状的灵芝，暗示林黛玉是带有灵气的。因为前世林黛玉受到了贾宝玉的恩惠，所以在现世要付出回报。所以，《红楼梦》开篇将林黛玉的出生写成了"临凡"，即是说林黛玉从一个单纯美好的仙境降临到凡间。曹雪芹不愧是文学大家，他的笔墨虽然简约，却有着意味深长的含义，"临凡"的含义就是告诉我们，林黛玉天生是超凡脱俗、非常浪漫的人。

其次，书中只要提到林黛玉，就会提到她敏感的性格，敏感仿佛成为林黛玉的专有名词。后人对林黛玉这种性格的解释是：由于林黛玉家道中落，她只能被送到贾府来寄养，寄人篱下的林黛玉必须时刻保持小心，因此也就变得格外敏感。但也可以认为，林黛玉的敏感是与生俱来的，因为敏感的性格才致使她想得特别多，因此也造就了一个与众不同的奇女子。

敏感不仅是林黛玉的专有名词，也是所有浪漫型人格者的专有名词。他们不像享乐型人格者只在乎自己的感受、可以完全忽略周围的环境，相反，浪漫型人格者会将周围的环境看得特别重要，他们的心情也会随着周围的环境改变而改变。因此你会看到，他们时而开心，时而忧郁，情绪起伏很大。

我们还会发现，在大观园里，尽管林黛玉比薛宝钗更早住进来，可她并没有薛宝钗的人缘好，而且很少和大观园里的其他人走动，显得很孤僻。她就像不食人间烟火的仙子，很少和凡人来往。这是为什么呢？因为林黛玉将大部分心思都花在了自己的内心世界，在那个世界里，林黛玉自己和自己聊天，一个人想过去的事情，憧憬未来美好的画面。

喜欢幻想是浪漫型人格者的又一典型特征，他们不是活在当下，而是容易回忆过去并期许未来，在心中勾勒美好的画面，很少能注意到当下的自己是怎样的、当下的生活是怎样的。

再次，从林黛玉生长的周围环境到她的处事风格也处处体现着"浪漫"。不管是林黛玉住所的名字，还是她和大观园里姐妹们的吟诗作赋，处处体现着她的浪漫情思。使人印象最深刻的情节莫过于"黛玉葬花"了，花草在我们眼中不过是寻常之物，可在黛玉看来却有着特殊的意义，书中为我们描绘了这样一个场景：柔弱的黛玉看着窗外一片片落下的花瓣，心也跟着悲凉起来，她想起花儿娇艳的时光，并由此萌发出一种保护它们的欲望。她想将落花下葬，让花也有自己的归宿。于是，黛玉拿着她专门为了葬花而准备的锄头和铲子，走出门去，小心翼翼地捡起地上的花瓣，包在带有香气的手绢中，然后选好了葬花的地点埋葬。这个时候，黛玉还不忘吟一首诗来祭奠被埋葬的花儿。

从这个生活中的情节来看，林黛玉确实是一个多愁善感、多情浪漫的人。除了对花草的深厚感情，林黛玉的多情和浪漫更多地体现在她对贾宝玉的感情上。林黛玉和贾宝玉有着"木石前盟"，她渴望自己拥有圣洁、唯一的爱情。可是在实际生活中，"金玉良缘"却一直压得她喘不过气来，众人似乎更加信奉后者，前世的浇灌之恩化为今世的眼泪，每当林黛玉看到或者听到贾宝玉和别的女人在一起，她只能在一边默默掉泪。

值得注意的是，在宝黛之恋上，林黛玉似乎没有做过多的努力，她一直相信这份感情是属于自己的，因此一直处于被动等待的地位，不主动靠近，也不主动争取。这正契合了浪漫型人格者的典型特质，他们常常将希望寄托在命运的安排上，不追逐也不反抗，他们认为一切都是上天早就注定的。

在高鹗续补的《红楼梦》后40回里，林黛玉在宝玉结婚的那个晚上，生病吐血而亡。但是"红学"的后来者在探究曹雪芹的本意时发现，曹雪芹为林黛玉设置的结局是沉入湖底而亡。林黛玉不想让自己的身体埋进黄土，她不想沾染俗世之物，因而选择了坠湖。由此可见，不管是从出生，还是到生命的终结，林黛玉一生都抒发着浪漫主义情怀，就连死，也要成全自己的浪漫。

曹雪芹用他的笔为我们写下了不朽之作，同时也为我们创造出一份感天动地、炙热如火的爱情，为我们塑造了一个理想的、浪漫的"林黛玉式"的人物。尽管当下社会物欲横流，但是很多人还是追逐像林黛玉一样的女子，渴求和她共享浪漫的理想主义爱情。

读懂《红楼梦》里的林黛玉，你也就读懂了现实生活中的浪漫型人格者。

第三节　浪漫型人格者的性格调整

悲情的浪漫型人格者会从事两种截然不同的工作，一种是维持生活的一般工作，另一种则是追求艺术的超凡工作。浪漫型人格者追寻真理的特点可以使他成为思想深邃的哲学家；他们对内心的精神世界有着高层次的追求，因此适合从事文艺创作、创伤心理顾问、动物权益保护等工作。

浪漫型人格者不适合在普通环境下的世俗工作，在办公室里日复一日的工作是他们最无法忍受的；他们也不能忍受和比自己更富有、更有才华的人一起工作，那样会让他们感到压抑和痛苦，感觉自己的才华无法得到更好的展示。

对于人间的苦难，浪漫型人格者有着天生的熟悉感，他们非常适合与处于艰难困苦当中的人一起共事（比如失业人群、灾民等）。在浪漫型人格者身上有种特别的魅力，他们可以帮助他人走出生活的阴霾，而且他们也愿意这么做，这让他们有一种独特的成就感。当浪漫型人格者将自己的注意力放在别人身上的时候，他们也就不会注意到自己的欲望了。

嫉妒是浪漫型人格者最大的特质。浪漫型人格者的嫉妒来自得不到的事物的强大吸引力，这个时候，学会平衡对浪漫型人格者来说是至关重要的。平衡就是帮助他们消除嫉妒、解决矛盾，帮助他们化解对得不到的某个东西的占有欲和对现实的厌烦感，意识到自己正在拥有的一切。

对浪漫型人格者来说，个体需要加强自我观察的能力，要学会感受自己注意力的变化。当自身的注意力变得虚无缥缈的时候，要及时发现，并且回归到现实生活中，对眼前的一切感到满足。

身为浪漫型人格者的你，需要停止对过去以及未来的毫无意义的想象，尝试让自己专注于当下的事情，不断暗示自己：我现在需要做的就是当前的工作，当前的工作才是我的一切；不要对别人的感应能力抱太大希望，要知道生活中的大部分人并不像你一样拥有超强的感应力，因此不要勉强别人时时刻刻能读懂自己、体会自己的情绪；要学会主动告知别人你的感受和情绪，不要等着别人去猜，不要试图用别人的关注来判断别人对你了解多少；在和身边的人讨论问题时，要提防自己的情绪，不要陷入自我情绪化的回应里，或者提前告知周围的朋友和亲人，在你身上可能会出现的过度情绪化或注意力不集中的情况，向他们寻求帮助以使自己保持平静；当你沉迷于一种悲观失落的情绪中无法自拔时，不要一个人躲起来疗伤，找一个朋友帮助你开朗起来；当你觉得自己没有被尊重或者是受到迫害的时候，不要冷嘲热讽，要将自己目前的感觉告知周围的人，并询问他们对这件事情的看法和态度。

当悲情的浪漫型人格者开始关注自己无法得到的事物，或者开始对已经拥有的事物寻找缺点时，就需要及时关注自己的这种变化，调整自己的心态。浪漫型人格者可以通过下列方式帮助自己：

第一，认真反思，承认自己的缺点是真实的，但是在悲伤过后，要赶紧将这种情绪放到一边，不要让自己一直处于这种消极氛围中。

第二，要注意自己强烈的情感变化，不要将自己完全投入进去。一旦陷入强烈的情感之中，要学会将自己的注意力转移到其他事物上，让自己从这种专注中解脱出来。

第三，养成善始善终的习惯。定期整理之前未完成的或者被自己放弃的事情，把它们当成是一种新的工作继续完成。

第四，培养多种多样的兴趣，结交各种朋友，将自己的注意力从抑郁中转移出来，发现生活的美和阳光。

第五，要为自己能感知到别人的悲伤和痛苦，并能帮助别人而开心和自豪。要相信这就是自己的价值，也是对别人的价值。

第六，让别人知道过度亲近会遭到你的攻击，请他们不要误会。告知周围的亲人和朋友，在你生气和难过的时候不要离开，这样你会确信，即使自己受到攻击和伤害，他们也不会抛弃你。

第七，不要将自己和他人进行比较，嫉妒只能使自己感到更加抑郁和悲伤。要尝试看到自己拥有的，要敢于接受真实的自己。

第八，要尝试将自己的注意力放在当下的事情上。当注意力有所转移时，要提醒自己不要执着于眼前事物的负面因素，要看到积极乐观的一面。

第四节　与浪漫型人格者的相处之道

4号浪漫型人格者 vs 4号浪漫型人格者

他们能够欣赏彼此的独特之处，也能在审美方面达成共识，更有着许多共同的兴趣爱好；能够进行情感上的深入交流，并产生强烈的共鸣；更相信对方，也更能坦诚地面对对方，承认自己的缺点。总之，两个浪漫型人格者相遇，往往能成为挚友。

当然，他们彼此间也存在竞争关系，也会因为双方都想压制对方而产生一些矛盾，但因为他们擅长情感沟通，这些矛盾都能很快化解。

如果两个浪漫型人格者组成家庭，他们可能会因为共同的审美观、温柔态度和强烈的情感表达而相互吸引。但他们都喜欢关注情感中的悲伤和痛苦等负面情绪，因此他们喜欢在彼此的关系中制造隔阂和矛盾，以使自己感受失去快乐的痛苦，认为这样才有利于自己体验拥有快乐的幸福。他们追求完美的爱情，总是看到伴侣的缺点，对伴侣提出更高的要求，因此双方都会抱怨，都会把对方视为痛苦的根源，开始相互攻击，致使陷入感情危机中。总之，两个浪漫型人格者更适合成为朋友，而不是亲密爱人。当然，如果他们对待伴侣能够像对待朋友一样坦诚，这对夫妻爱情的火焰可能会燃烧一生一世。

如果两个浪漫型人格者成为工作伙伴，他们会暂时放下自己的悲情主义，追求个人独特的成功，因为他们认为优异的表现能够驱除忧愁。这时的浪漫型人格者表现出强烈的竞争性，会积极与对手对抗，并为自己的成就戴上独一无二的光环。但是，一旦工作进入常规，失望情绪就开始在他们身上蔓延，他们突然间就会觉得自己的努力是徒劳的，每一天都是平淡无奇的，他们就会在对成功的渴望和兴趣的失落之间徘徊，甚至会在已经看到成功的曙光时，把自己的收获毁于一旦。也就是说，两个浪漫型人格者的合作往往纠缠不清：在面对危机时，他们能够齐心协力；一且风平浪静了，他们就失去了合作的兴趣。

总之，无论是在家庭还是在工作中，两个浪漫型人格者相遇，都需要彼此坦诚相对，多进行深入的心灵交流，理解彼此的情感，尽量关注事物好的一面，少关注事物不好的一面，就能使自己逃离悲观情绪的旋涡，积极地创造自己浪漫而独特的生活。

4号浪漫型人格者 vs 5号探索型人格者

浪漫型人格者和探索型人格者都关注自己的内心世界。在他们的世界里，充满了对各色事物的解读，他们都认为所有事物背后都隐藏着更深层次的意义和规则，而且他们相信这些东西都是相互关联的。他们都认为真实的生活隐藏在现实的假象里，但这并不说明他们就是深刻的思想家，他们只是活在自己的思想世界里而已，而且这些思想完全不同于社会的主流思想。因此，他们常常因为"局外人"的身份走到一起，以消除自己的孤独感。

他们看起来是相似的，其实不然，他们内心世界的关注点是不一样的：浪漫型人格者会对情感波动格外敏感，探索型人格者则可以生活在一个充满抽象智慧的世界里，精神上的想象能够让他们完全忘记与情感有关的内容。彼此关注点的差异常常引发误解、矛盾，导致他们自我退缩，自我封闭，从而使得他们像黑暗中交错而过的两条船，感觉不到对方的存在。

如果浪漫型人格者和探索型人格者组成家庭，浪漫型人格者对自我形象的美好要求会和探索型人格者的观察力结合在一起，从而产生一种唯美的距离。他们用充满象征意义的生活方式来相互表达情感，比如写情书、浪漫牵手等。但是，他们对内心关注点的界限问题常常是矛盾的导火索：探索型人格者总是在积蓄自己的能量，他们会控制与他人相处的时间，以此来保护自己；浪漫型人格者则恰恰相反，他们需要大量关注，渴望亲密感觉。这就容易使得浪漫型人格者感觉自己被忽视，从而感到悲伤，开始抱怨，而浪漫型人格者抱怨越多，探索型人格者就越想回避，最终导致夫妻双方沉浸在各自的内心世界中，完全拒绝交流。当一段感情没有了交流，也就丧失了存在的意义。

如果浪漫型人格者和探索型人格者成为工作伙伴，浪漫型人格者感性，探索型人格者理性。受浪漫型人格者感染，探索型人格者不会在工作时也将自己像处于情感关系中时一样封闭起来，在工作时他们反倒可以更自由的表达自我，他们会被想象或者冒险所吸引而去从事一些行业，在他们关注于工作而不是他们自身时，他们是充满感情的。探索型人格者的积极表现可以大大加强浪漫型人格者的信心，促使双方的积极发展。总之，探索型人格者主内，浪漫型人格者主外，是最佳的组合。反之，则容易挫伤彼此的信心，增加彼此的距离，甚至达到无交流的状态。

总之，无论是在家庭还是在工作中，浪漫型人格者和探索型人格者相遇，都需要浪漫型人格者更理性一点，认可探索型人格者的智慧；而探索型人格者要更感性一点，给予浪漫型人格者特别的关注，彼此间多进行深度的感情交流，就能避免冲突，形成和谐的关系。

4 号浪漫型人格者 vs 6 号质疑型人格者

浪漫型人格者和质疑型人格者都关注自身的情感，都希望自己是有所不同的，总想让自己在思想或行为上有所突破。而且，他们都关注自身情感中的负面影响，浪漫型人格者能够体会质疑型人格者的害怕情绪，质疑型人格者能够体会浪漫型人格者的痛苦情绪，因此在悲伤的时候他们会并肩站在一起，也能够分享战胜悲伤、痛苦之后的喜悦情感。

双方因为相似的命运走到一起，他们分享着同一股涌动的创造力，这股力量能让他们抛开压力，令人刮目相看。但他们的关注点不同：浪漫型人格者因为害怕受到误解和抛弃，而关注于那些正在体验深层情感的人；质疑型人格者认为自己是被排斥、被压迫的人，他们担心遭到迫害，因此会非常支持被压迫者的事业。所以，二者时常产生分歧，双方都会因为缺乏自信心而抱怨对方，都想向对方证明自己，但是谁也不愿主动向前，很容易形成僵持的局面。

如果浪漫型人格者和质疑型人格者组成家庭，他们容易在对方身上发现与自己相似的特征——对负面情绪的感知，这种共性会让他们的关系更加牢固，双方都能够看到对方的脆弱，并给予支持的力量，尤其是当他们看到了人性的美好时。但是，双方也可能因为自身的脆弱而无所作为，陷入负面情绪的旋涡中：浪漫型人格者抱怨质疑型人格者不关心自己，质疑型人格者怀疑浪漫型人格者的爱是否真诚，彼此都会将对方想象成面目可憎的假想敌，这时危机将一触即发。如果一方能够主动放弃自己的成见，重申他们共同的承诺，就能有效避免危机。

如果浪漫型人格者和质疑型人格者成为工作伙伴，他们可以在相互信任的情况下共同前进，也可以在个性挣扎中分道扬镳。从积极的方面来看，他们都喜欢关注事物发展的负面影响，总是将事情朝最坏的方向设想，这使得他们时刻感到生存的危机，从而促使这对伙伴付出行动，激发竞争的动力，而且在危险的冒险中，他们总能产生创造性的活力。从消极的方面来看，浪漫型人格者和质疑型人格者都不喜欢将自己置于公开的竞争环境中，这常常暴露他们的缺点，让他们十分不自在，致使浪漫型人格者陷入自卑，质疑型人格者陷入怀疑中。

总之，无论是在家庭还是在工作中，浪漫型人格者和质疑型人格者相遇，都需要双方尽量看到彼此之间的相似性，而不要执着于彼此的差异，更需要双方都关注事物发展中好的一面，减少自己的负面情绪，才能激发彼此的行动力和竞争力。

4号浪漫型人格者 vs 7号享乐型人格者

浪漫型人格者和享乐型人格者都是自我主义者，他们都把注意力更多地放在了自己的需求上。而且，享乐型人格者追求享乐的方式具有多样性，这常常满足了浪漫型人格者追求浪漫、独特的心理，而浪漫型人格者独特的审美观也常常给予享乐型人格者新鲜刺激的感受。总之，他们能够看到对方身上的独特性，这让浪漫型人格者感到自己是特殊的，而享乐型人格者则更加自信。

他们能够支持对方的独特天赋，当然也可能在无形中对双方的结合寄予过高的期望。

但是，浪漫型人格者的忧伤情绪常常使享乐型人格者感到困扰，因为他们追求绝对的享乐，拒绝任何形式的痛苦，因此他们常常对浪漫型人格者没完没了的忧伤感到不耐烦，这反而更激发了浪漫型人格者的负面情绪，从而激发彼此的矛盾和冲突。

如果浪漫型人格者和享乐型人格者组成家庭，浪漫型人格者享受悲伤，享乐型人格者享受快乐，这种差异常常使得他们相互吸引。浪漫型人格者通过感觉来体验世界，而享乐型人格者主要是通过思想来体验世界，但他们都能够与对方分享心灵上的和思想上的快乐，并从中追求刺激感。但是享乐型人格者不是关注情感的人，无法忍受痛苦，而浪漫型人格者则认为痛苦是一种享受，他们常常在如何解决深层的情感问题上争论不休。双方都可能感觉被对方所控制，浪漫型人格者因为要控制自己的情绪而不满，而享乐型人格者则害怕陷入情绪的旋涡中，这就常常导致他们相互疏远。

如果浪漫型人格者和享乐型人格者成为工作伙伴，他们一个能看到各种可能，另一个能发现缺失的事物，这样的认知结合在一起能够指向全新的方向：享乐型人格者拒绝与毫无出路的可能联系在一起，这促使他们行动起来，寻找新的选择；浪漫型人格者强调的是形式和外表，不喜欢因为太多计划而失去目标。总之，双方都相信，他们在一起能够创造出前所未有的成绩。但他们之间也存在不和谐：当工作进入平稳期后，浪漫型人格者会因为缺乏新鲜感而厌烦，甚至产生破坏力；而当遭遇困难和挫折时，享乐型人格者会逃避痛苦，不去寻找解决办法。如果他们都能够脚踏实地，就能让工作善始善终。

总之，无论是在家庭还是在工作中，浪漫型人格者和享乐型人格者相遇，都需要浪漫型人格者学会区分哪些需要是可以解决问题的，哪些需要是只为了让自己感到舒服却可能引发问题的；享乐型人格者则要真诚地与浪漫型人格者进行沟通，而不是一味地表现出厌烦、疲惫或者拒绝。只要彼此端正对待个人情感的态度，就能形成和谐的关系。

4 号浪漫型人格者 vs 8 号领导型人格者

浪漫型人格者和领导型人格者都渴望获得别人的关注，但又过于以自我为中心，有些不讲道理。他们被彼此的巨大差异所吸引：和优雅、成熟的浪漫型人格者相比，领导型人格者感到自己是粗鲁、生硬的；但是对浪漫型人格者来说，狂妄不知羞耻的领导型人格者对他们有一种致命的吸引力。当浪漫型人格者的戏剧性与领导型人格者对生活的欲望结合在一起时，就形成了极其激烈的一种关系。但是，因为浪漫型人格者关注情感表达，而领导型人格者忽视情感、羞于表达自己的情感，这常常使得浪漫型人格者误解领导型人格者表达情感的方式，感到领导型人格者不关注自己，从而陷入悲伤情绪中。而领导型人格者讨厌自己被情感所束缚，认为那是软弱无能的表现，因此他们会选择离开浪漫型人格者。

　　如果浪漫型人格者和领导型人格者组成家庭，那么浪漫型人格者会对伴侣的情感给予比较看重，而领导型人格者则需要伴侣提供强烈的情感，他们都会欣赏对方向往自由的倾向，所以很可能并肩反对社会的现有规则。而且他们都不会乐意去过索然无味的普通生活，这使他们的情感表达更加激烈：领导型人格者会步步紧逼，不依不饶；浪漫型人格者则会出人意料地选择默默承受。他们的爱情就如同一部惊险刺激的好莱坞大片。但是当浪漫型人格者陷入忧郁时，就会使领导型人格者感到困扰，甚至选择离开，这又会激发浪漫型人格者的愤怒，却恰好帮助浪漫型人格者摆脱了低迷的情绪。总之，他们是极其和谐的一对。

　　假如浪漫型人格者和领导型人格者成为工作伙伴，他们常常是无懈可击的一对。他们都认为自己是不受规则限制的。但他们之间也时常存在竞争关系，他们都想要获得领导地位，谁也不会向谁屈服。但如果他们能进行真诚而深入的情感交流，明白对方的意图，就能彼此建立信任。比如，浪漫型人格者启动一个具有创新性的大胆计划，然后领导型人格者带领大家完成这个计划，这就是一种成功的合作模式。

　　总之，无论是在家庭还是在工作中，浪漫型人格者和领导型人格者相遇，都需要浪漫型人格者把注意力放在能让领导型人格者支持的项目上，不要刻意追求领导型人格者的关注；而领导型人格者则要开始投入到自身情感中的价值，这样就能保持和谐的关系。

4号浪漫型人格者 vs 9号协调型人格者

浪漫型人格者和协调型人格者都十分关注自己的情感世界，他们情感丰富、心思敏锐，对其他人的情感感受十分清楚，非常善于拉近本来陌生的两人间的关系。而且，他们对情感关注点的不同也是对彼此巨大的吸引，但随着接触的深入，他们又为这种差异感到痛苦。悲伤的浪漫型人格者需要得到协调型人格者的更多关注，然而缺乏活力的协调型人格者往往难以满足他们的需求，因此常常使浪漫型人格者感到失望，点燃他们内心郁闷的火焰，并最终引发浪漫型人格者的抱怨。而越是抱怨，协调型人格者越是退缩到自己的世界中，越是不给予浪漫型人格者所渴望的爱的关注，矛盾由此而生。

如果浪漫型人格者和协调型人格者组成家庭，从积极的方面来看，他们能够冷静地爱着对方，既没有不切实际的期望，也没有无缘无故的抱怨。从消极的方面来看，每个人都把不切实际的期望放在对方身上。如果他们能够放下彼此对爱的成见，更多地站在对方的立场来看待爱，往往是甜蜜而幸福的一对。

在职场中，通常浪漫型人格者是站在前台与公众打交道的人物，而协调型人格者则负责监管整个产品或服务的运作机制。此时，工作目标取代情感联系，成了他们的关注对象，他们各取所需：浪漫型人格者依靠协调型人格者把设想变成现实，协调型人格者也因自己的付出受到重视。但在出现问题的合作中，常常是浪漫型人格者对工作感到厌倦，而协调型人格者则一味追求安全，不愿尝试新的方案，并因此疏远了浪漫型人格者。当失望的浪漫型人格者遇到正在"自动驾驶"的协调型人格者时，冲突不可避免，浪漫型人格者可能会在协调型人格者清醒之前就把一切破坏掉。

总之，无论是在家庭还是在工作中，浪漫型人格者和协调型人格者相遇，都需要浪漫型人格者收起自己的悲伤情绪，尽量给予协调型人格者积极乐观的态度；而协调型人格者也要在浪漫型人格者积极乐观的影响下主动寻找自己的目标，并一步步去实现自己的目标，这样才能形成和谐的关系。

第 *6* 章

5 号：睿智又孤独的探索型人格者

他们是你身边最喜欢思考问题的人，出色的知识整合能力与深邃的洞察力是他们共同的标签。枯燥的思考和研究是他们最大的乐趣所在，博学多识是他们毕生的追求。他们往往比其他类型的人更能理解世界的本质，并且喜欢预测即将发生的事。

他们平时很安静，喜欢远离喧闹的社交场合，对娱乐活动缺乏兴趣，几乎不会主动与人交往。他们处理感情的方式既理性又麻木，极力避免感情干扰自己的思考，重视精神世界的充实，对物质生活的要求往往奉行极简主义原则。他们整个人仿佛一台精确运作的机器，人情味与活力都不太多。由于过度重视保护私密空间，大家通常会觉得他们难以接近。

他们就是 5 号探索型人格者，又称探索者。

第一节　博学多识的职场"专家"

职场中扮相最朴素或者最不修边幅的人，往往是探索型人格者。他们崇尚简约主义和实用主义，对物质生活的需求比其他所有性格的人都低，这样做是为了把精力从物质追求中节省出来，然后最大限度地排除干扰，专心工作。由于他们把心思都用在了钻研上，只需要最少的能量来维持生活即可，所以他们在其他方面的能力就显得比较平庸。

所以，探索型人格者在职场中通常是某个领域的专家、研究者或技术人员，就算成为高层管理者，他们依然有着如出一辙的思维方式——探索工作内容背后的规律。在其他性格类型的人看来，只要明确工作方向、掌握工作技能就已经足够了，比如，浪漫型人格者虽然会为自己的工作寻找一个特别的意义，但通常不会深究其背后的内在规律。探索型人格者则不然，无论做什么工作，他们都会深入研究，弄清全局概况，查明其本质属性与运行规律，以求彻底掌握自己所在行业的全部知识技能。这种思维方式使得探索型人格者在工作上比谁都钻研得深，看问题也相对全面透彻，很容易成为博学多识的专家。

探索型人格者喜欢把事物概念化、理论化。每当积累了新的工作经验后，其他性格类型的人只是将其作为经验，而探索型人格者会试图将其上升为新的理论。有趣的是，他们往往并不是靠亲身实践来体悟真理，而是通过观察周围的人与同行竞争者的情况来得出结论。出色的观察能力与归纳能力让他们能透彻掌握理论知识，并将其用于工作中。在理论的指导下，他们能在自己熟悉的领域很快找到解决问题的办法，甚至打开新世界的大门。他们还喜欢从多角度看问题，反复尝试不同的新方法，努力在现有理论知识体系下取得新的突破。

需要指出的是，探索型人格者的专家跟其他性格类型的专家不同，追求的不是大众认可的成就感，而是心智活动本身。所以，他们非常适合做一些常人眼中费力不讨好的开创性工作，如几十年如一日的钻研开发。他们在这方面有着惊人的毅力和干劲，不会因为名利和感情而轻易动摇自己的目标和理想。

由于工作习惯的特殊性，探索型人格者喜欢不被打扰的独立工作，不太在意与其他同事的交流。他们在工作之外沉默寡言，不怎么喜欢和别人谈私事，讨论的内容往往还是工作本身。那些需要大量与人打交道的工作，会让探索型人格者感到疲惫不堪，因为这让他们无法发挥自己在思维能力和原创能力上的优势。

此外，他们很讨厌没有规划、没有标准的工作内容，喜欢明确每道工序的时间。他们最希望工作环境井然有序，大家各司其职地分工合作，自己则在安静的私人空间里做好分内之事。

第二节　探索型人格者的代表人物

在九型人格中，说话最少、思考最多的人应该就是探索型人格者了，他们是躲在自己的世界里用心来思考的人。提起用心思考，我们会不由自主地想起一位伟大的文学家和小说家——史铁生。

史铁生是河北人，他出生于北京，后来去延安插队，21岁时由于双腿瘫痪，他被送回了北京，再后来他患上了肾病，并演变为尿毒症。在和病魔做斗争的过程中，顽强不屈的史铁生开始用心思考自己的生命，并创作了一部部影响后人的杰出作品。

在史铁生的著作中，大家最为熟悉的是《我与地坛》。当时，史铁生在双腿残废的沉重打击下，心情特别郁闷，不知道自己的出路在哪里，所以他走进了地坛。从此，史铁生与地坛结下了不解之缘。

有 400 多年沧桑历史的地坛似乎拥有某种独特的魅力，它给予了史铁生顽强生活和奋斗的力量，激励史铁生开始重新思考自己的生命。在思考的最初阶段，史铁生认真观察和反省自己的遭遇，他懂得了人的生命是一个不可捉摸的过程，中间遇到的残酷和伤痛是无法选择的，人无法改变这个事实，只能尝试让自己接受。

接着，史铁生将自己的视野由自身转向了外界，他开始注意除了自己之外其他人的生活和命运。第一个被关注的就是史铁生的母亲，他发现，母亲身上承受的痛苦远远比自己还要多。后来，史铁生又看到了一个很漂亮但患有弱智的姑娘，他再一次感受到了命运中那些苦难和悲痛的无可奈何。

史铁生从这些人的身上明白了，他们都是被上天选中注定要受苦受难的人，既然命运已经无法更改，他们要做的只能是安然接受它。基于这样的思考，史铁生豁然开朗，不再怨天尤人和闷闷不乐，而是开始了自己顽强不屈地斗争。

从史铁生的《我与地坛》中可以看出，史铁生通篇都是对生命意义的追寻和思考，这是作为探索型人格者的显著特征。探索型人格者会沉浸在自己的世界中，很深入地思考常人一般难以捉摸的问题，并且在思考中会明白和领悟人生的许多大道理。

《病隙碎笔》是史铁生又一部用心思考的作品，它是史铁生在 48 岁时经历一次次痛苦透析的过程中所写的。史铁生的这部作品结构很独特，是通过一些片段的连接来完成的，这些片段写的是史铁生在透析时所承受的巨大苦难。所以，《病隙碎笔》凝结着史铁生关于对生命、苦难、信仰、爱情和艺术的深深思考，这些思考是史铁生从自己和死神斗争的过程中赢得的思想灵光。

当下处于消费时代的作家们，很多都已经放弃了对自我的思考和对活着的意义的探寻，但是史铁生却居住在自己的内心，坚守着自己一直苦苦追寻的价值观和生命观，并且不屈不挠地和外界的困难与挑战做着斗争。

史铁生身上的这种品质也是探索型人格者所具备的重要特质，探索型人格者一般不会人云亦云，他们会坚持自己需要的，并且朝着那个目标一直努力。当他们沉浸在自己的世界时，一般不喜欢受到打扰，而且由于他们投入得较深，外界也是很难影响到他们的。史铁生就是这样一个沉迷于自己的世界，用心来思考的人。

后人在评析史铁生的作品时曾提出，史铁生之所以会进行如此深刻和独到的思考，是因为身体上的限制阻止了他去做别的事情，他才会将大部分时间用来思考生命和探究生命的意义。如果史铁生是一个健全的人，他可能不会成为一个用心思考的人，也不会创作出杰出的作品。这些看法是正确的吗？如果史铁生不是一个残疾人，那么他还是用心思考的探索型人格者吗？

探索型人格者的评定不仅是由思考的特征来决定的，更主要的是一种对深奥问题的追寻和探究，是对人的深层次意义的洞察。不管史铁生是否残疾，他身上的那种与生俱来的智慧和独到的见解是别人不能比拟的。我们只能说，即使史铁生没有残疾，他也会比其他人考虑得更加周详和深入；即使有的人残疾了，他们也不会像史铁生一样有见识和会思考。

其实，史铁生对残疾曾经有一个很明确的定义，他说："人所不能者，即是限制，也就是残疾。"按照史铁生的这个说法，每个人与生俱来都是残疾，只是有的人能认识到自己的残疾，而有的人一直没有意识到而已。

在《病隙碎笔》这部作品里，史铁生还写了一个沉默的人，这个人就是另一个史铁生，他以多种面孔出现在作品的每个场景中，时而冷静，时而幽默，时而沉重，时而深邃。他以不同的姿态出现，又以一种冷静的态度对这些面孔进行审视，从而思考着自己的生活，也理解着自己的人生。

史铁生的身体虽然是残缺的，但他的思想却是健全和丰满的，他虽然历尽生活的苦难，但是他却向世人表达了明朗和欢乐的精神世界。究其根本，还是因为史铁生是一个睿智的探索型人格者，他不会为外界所动，而是沉浸在自己的世界中用心思考。

在这个物欲横流的社会，我们每个人都应该尝试做史铁生一样的探索型人格者。在某个夜深人静的时候，慢慢静下心来，重新审视镜子中的自己，看看眼前这个人是否还是你所熟悉的那个人，看看自己到底在追寻什么，自己的生命意义到底在哪里。通过不断反思和审视，我们也会像史铁生一样有巨大的收获。

第三节 探索型人格者的性格调整

躲在自己内心世界的探索型人格者会成为一个出色的学者，尽管他们研究的领域晦涩难懂，但却是非常重要的。探索型人格者一般都是某些领域的佼佼者或者是周围人的活字典，他们会有自己的代表作品，这部作品浓缩了他们毕生的研究精华。但是，探索型人格者却不善于在公开场合与人打交道，销售方面的工作、有关公共政策的讨论、慷慨激昂的演讲，对探索型人格者来说都是极其折磨人的事情。

对于探索型人格者来说，不管有没有人支持，他们都会从事自己感兴趣的事情，他们的意志一般不会被周围的人所动摇。这也使得探索型人格者能在面临压力的环境下，依旧保持冷静的头脑和清晰的思维。

探索型人格者的朋友不多，但却可以保持终生。探索型人格者对朋友的要求很简单，就是不干涉自己的独立，他们会通过大量非语言的形式向朋友表达自己的情感，同时，也非常关注朋友对他抽象的、非语言的表达。

探索型人格者身上表现出来的强迫性的不参与、不联系和不受控制，往往会让他们觉得自己高人一等，认为自己是无欲无求的圣人。但实际上，探索型人格者并没有因为自己所拥有的而感到满足，因此他们也常常陷入矛盾之中。

身为探索型人格者，当你需要做决定前，请你明确地告知周围的人，你需要时间来思考和做决定，这段时间请他们不要来打扰你；当周围的朋友说你没有感觉和感情时，请告诉他们，你并非如此，而是你的表达有困难，你需要时间来组织和完善自己的表达；当你需要某个东西时，明确地告知对方你的需求，越是退缩，越会诱发你的渴望，你的内心也就越发不平衡；当需要集体讨论一件事情时，你需要提前告知大家明确的讨论时间，这样别人就不会觉得你想搪塞、推辞；当你觉得周围的人对你说话带有命令的意味，就告知对方你感觉到的冲击，别人也许不是有意如此，你也能在心理上得到释然；当别人和你交流时，试图对他们的话语和感觉做出回应，这样别人就不会有被拒绝和被打发的感受。

探索型人格者的典型症状包括：对社会关系感到困难，会因为失去依赖的某个人或事物而感到痛苦，害怕自己的自由受到限制。对探索型人格者来说，最需要学会的是容忍自己的感情，而不是逃避自己的感情。他们可以通过下列的方式来帮助自己：

第一，不要让自己的真实情感被理性的分析所取代。一旦有情绪和情感，就尝试将它们发泄和表达出来，而不是理性地思考这种情绪和情感是否合理。

第二，学会和别人分享自己的重要成果。当坚持完成某一重要的项目并取得成果时，尝试将这个项目和成果公之于众，让周围的人了解它。

第三，学会接受身边的突发事件。并不是每件事情都需要经过深思熟虑才能做出决定的，要尝试去冒险、去求助，让自己内心的梦想变成现实，而不是只局限于想象。

第四，当别人期待自己的回应时，要注意自己有所保留的欲望。这种时候应该提醒自己，不要压抑自己的想法和情感，做出真实的表达。

第五，对比自己一个人和与周围人相处时候的感觉。用心感受与他人相处时的感觉，再对比一个人时自己的感受，找出两种感觉的差异。

第六，要学会对生活中的简单事物提出质疑。当对实际生活中的某个东西感到不解时，不妨找周围人商量和讨论，以此培养自己的生活能力。

另外，探索型人格者在改变自己的过程中，一定要注意避免以下几种行为：

其一，难以向别人展现自己。每当说到自我暴露的话语就会自行过滤掉。

其二，过于自负，不依赖他人。每当需要别人帮助的时候就逞强，存在"没有你，我也可以"的错误信念。

其三，用思想取代现实。不断巩固自己孤独者的立场，不去面对实际，总是幻想不切实际的生活。

其四，相信自己不是感情用事的人，用理性掌控周围的一切。一旦生气，就立刻告诫自己："我怎么能生气，生气是愚蠢的行为。"

其五，不愿意和别人分享。认为承诺是一件令人疲惫的事情，不愿意做承诺，也不希望别人给自己承诺。

第四节　与探索型人格者的相处之道

5 号探索型人格者 vs 5 号探索型人格者

探索型人格者追求独立，喜欢在人际交往中制造距离感，以保护自己的私密空间不受侵犯。在外人看来，他们之间好像没有什么事情发生，因为他们很少交流，很少拥抱，但是那种没有说出口的联系却是非常明显的。探索型人格者在那些能够控制自己情绪的人面前，反而感到轻松。当他人的期望侵犯自己的私人空间时，他们会不由自主地进行反抗。

但是，长时间的情感分隔也容易阻碍他们彼此亲密关系的发展，尤其是发生冲突时，他们都会选择退回自己的空间，彼此间没有交流，形同陌路。

如果两个探索型人格者组成家庭，他们虽然住在同一个屋檐下，却各有各的空间。他们会把家里的空间一分为二，平时互不侵犯，只在规定的时间才相聚在一起，比如孩子在家的时候或者晚上散步的时候。而且，他们常常在恋爱期间沉默，这正好让双方进行非言语的交流。但是这种长期分隔的相处方式会阻碍亲密关系的发展，长期的相互脱离也会让他们开始害怕情感的空虚，逐渐认识到缺乏联系的痛苦。

如果两个探索型人格者成为工作伙伴，在工作中，他们都怀有等等看的态度，总是花很长时间去做准备工作，而对那些要求立即行动的信号视而不见。他们都希望对方主动迈出一步，这种希望常常落空，因此他们不得不需要外来的协调者。也就是说，两个探索型人格者并不适合同时做一件事情，他们常常互推责任。

总之，无论是在家庭还是在工作中，两个探索型人格者相遇，都需要注重彼此的交流，化被动为主动，用思考辅助实践，才能形成和谐的关系。

5号探索型人格者 vs 6号质疑型人格者

探索型人格者和质疑型人格者都是属于思维三元组，都善于思考和分析，如果他们都受过良好的教育，都能成为钻研很深学问的专家、学者。

探索型人格者与外界的分离迫使他们的伴侣成为主动者，即便是同样属于内向性格的恐惧症型质疑型人格者，也不得不在双方关系中充当积极活跃的角色。质疑型人格者通常愿意接受影响他人或指挥他人的机会，一个主动的角色能够增强质疑型人格者的自信，同时也能让探索型人格者摆脱情感的包袱。

但他们的差异性也极大地阻碍了进一步交流，探索型人格者注重个人的私密性，在做决定时只信任自己的想法，因为他们觉得质疑型人格者不如自己知识渊博。探索型人格者这种行为常常激起质疑型人格者的怀疑，而面对质疑型人格者的怀疑，探索型人格者往往不会回应，反而退缩到自己的世界中，拒绝与质疑型人格者交流，就容易引发彼此间的矛盾。

如果探索型人格者和质疑型人格者组成家庭，这对夫妻的主要联系是精神上的，即便是在他们情意绵绵的时候。他们都知道，爱的内容不仅仅是感觉，因此，这对夫妻可能不会公开表达情感，而是通过一种安静的联系相爱。比如，在同一个房间里读书，但是互不打扰；在一起吃饭，但是不强迫自己说话。但因为质疑型人格者总想得到对方的肯定，他们往往把探索型人格者对空间和距离的需要当作一种拒绝；而实际上，探索型人格者的确需要时间来让自己的真实感受浮现出来，这时他们就容易因为距离感而产生矛盾。

如果探索型人格者和质疑型人格者成为工作伙伴，往往会遭遇极大的阻碍，因为思想会轻而易举地取代行动，新鲜构想因为不愿冒险而胎死腹中。他们都属于害怕类型，因此他们总是过度地关注困难，可能会高估竞争对手的实力，会把很多时间放在解决问题上。尽管他们有共同的力量在制定策略、制订计划以及其他需要辨别、分析的工作上，但他们都犹豫不决，难以得出一个具体的结论，这也是他们双方合作的最大问题。这时，就需要外来的协调者帮助他们做出结论，以使他们进入工作状态，一旦进入工作状态，他们的组合会非常有效。

总之，无论是在家庭还是在工作中，探索型人格者和质疑型人格者相遇，都需要质疑型人格者理解探索型人格者天生的距离感，给予他们足够的个人空间，也需要探索型人格者主动与质疑型人格者接触，多和质疑型人格者交流，才能保持长久而和谐的关系。

5 号探索型人格者 vs 7 号享乐型人格者

探索型人格者和享乐型人格者都很好奇，有探索精神，喜欢尝试新方法。同时，他们都有搜集的癖好，也都容易紧张和神经质。但是，探索型人格者是内向的，他们往往孤僻，更喜欢理性的享受，喜欢花很多时间独自做一件事，如独自阅读、听音乐等。而享乐型人格者则是外向的，他们活泼，喜欢社交，喜欢阅读，但是不耐烦坐太长时间。也就是说，探索型人格者注意力很集中，而享乐型人格者注意力很分散，因此，探索型人格者喜欢探索悲伤等负面情绪，享乐型人格者则努力回避负面情绪。两者的这些差异常常引发彼此的矛盾和冲突。

如果探索型人格者和享乐型人格者组成家庭，他们往往是相敬如宾的一对，总之，他们不会时时刻刻都在一起。好在享乐型人格者总是能找到夫妻双方都感兴趣的事，而且，他们也因为彼此的差异而相互吸引：探索型人格者佩服享乐型人格者毫不拘束的自然态度，而享乐型人格者则在探索型人格者身上获得宁静。只要他们能够保持交流，任何一方都不会干扰对方的活动，他们的婚姻就会幸福长久。

如果探索型人格者和享乐型人格者成为工作伙伴，他们常常用思想取代行动，他们都被理论所吸引，热衷各种计划。享乐型人格者尤其脆弱，他们的大脑就像一棵不断长出新树枝的大树，一个好的想法能够立即生长出大量关联的想法，所有想法看上去都是可行的，因为它们都长在那棵主树干上。探索型人格者的想法要更具逻辑性，他们会围绕一个想法进行广泛调查研究，而且他们可以独自钻研好几年。这对搭档注重的是策略和研究，如果他们不能把同样多的注意力放在贯彻执行上，再好的想法也只是海市蜃楼。

总之，无论是在家庭还是在工作中，探索型人格者和享乐型人格者相遇，都需要享乐型人格者积极寻找彼此的共同兴趣，引导探索型人格者从 5 号位置走出来，加入参与者的行列；而探索型人格者也需要更积极主动地面对生活，化思想为行动，才能维持彼此长久而和谐的关系。

5 号探索型人格者 vs 8 号领导型人格者

探索型人格者和领导型人格者都非常自立，他们都常把自己看作整体之外的人，也容易认为自己受到了排斥，并且愿意和任何威胁他们独立的人抗争到底。而且，他们都喜欢直接的交往方式，都富有攻击性，都希望保护自己脆弱的一面。因此，他们往往能够尊重彼此的个人空间，也就容易维持和谐的关系。

但是，当双方遭遇痛苦时，彼此可能都不愿意妥协，而且很难因为自己对他人的影响而内疚。探索型人格者有时会认为，领导型人格者在情感上的痛苦并不是探索型人格者造成的，而是因为对方自己缺乏自我控制。一个在痛苦中的领导型人格者有可能想要报复，复仇也会是双方关系的一部分，主要表现就是领导型人格者急于争夺双方关系的控制权。

如果探索型人格者和领导型人格者组成家庭，他们往往是和谐的一对。领导型人格者是外向型的，而探索型人格者喜欢退回到自己的空间。但是尽管存在很大差异，这两种类型却拥有着一种本质的吸引力，让他们成了最常见的夫妻类型。在九型人格中，探索型人格者在健康状态下会向领导型人格者靠近，而领导型人格者性格在面临压力时，则会向探索型人格者发展。双方共有的一条连线让他们在长期相处后会变得越来越像。久而久之，激进的领导型人格者会变得顺从，而探索型人格者则表现出果敢。

如果探索型人格者和领导型人格者成为工作伙伴，他们是非常理性的一对。探索型人格者不为自身情感所动，他们能够把注意力从自己身上转移到眼前的工作上，很少受到外在影响，总之，他们更愿意待在幕后观察他人。而领导型人格者则愿意站在幕前指挥他人，他们能够很好地传达探索型人格者的思想，并能够将探索型人格者的思想付诸行动。因此，主外的领导型人格者搭配主内的探索型人格者是不错的选择。但是当领导型人格者的进攻性表现得太强势，就容易导致探索型人格者的反感及反抗，从而激发矛盾。

总之，无论是在家庭还是在工作中，探索型人格者和领导型人格者相遇，都需要探索型人格者走出自己的象牙塔，敢于为生活奋斗，真实地表达自己的情感；而领导型人格者应该相信控制自己情感、保持隐私的探索型人格者，建立彼此信任的关系，才能维持长久而和谐的关系。

5号探索型人格者 vs 9号协调型人格者

探索型人格者和协调型人格者都不愿让自己成为关注的对象，都喜欢非言语的交流，双方都希望得到对方的理解，但是又不想自己提出来，怕自己提出可能遭到拒绝或羞辱。当他们相处时，他们总是很安静，并且享受这种安静。

但是，协调型人格者有一种本事，就是只要是他们认为重要的人，他们就能体察到对方的感受，所以探索型人格者发出的非言语信号会有一个非常敏感的接收者。也就是说，在探索型人格者和协调型人格者的相处中，通常喜欢在一旁关注他人的探索型人格者，可能会发现自己突然成了被关注的对象，当协调型人格者对他们期望过高时，他们的态度反而会变得冷淡，这就使协调型人格者产生被抛弃感，从而激起他们内心的怒火，矛盾就此产生。

如果探索型人格者和协调型人格者组成家庭，他们的爱情会细水长流，但偶尔也需要泛起一点波澜。两类人的情感反应都很迟钝，协调型人格者的情感只能慢慢地表现出来，而探索型人格者会在与他人接触时压制自己的情感。双方在一起时，可能会达成避免冲突的协议，各自允许对方拥有一定的私人空间。只要没有影响正常的家庭生活，协调型人格者多样的活动通常不会让探索型人格者感到不满；同样，健忘的协调型人格者也不会去过问探索型人格者封闭的生活。但是，夫妻间的这种疏离感会使双方都专注于自己的生活轨道，使得双方的生活圈越来越远，双方的关系越来越淡。

如果探索型人格者和协调型人格者成为工作伙伴，他们信奉和气生财的工作理念，会尽量避免冲突，因此他们常常能形成和谐的工作关系。协调型人格者扮演了冲锋陷阵的角色，他们站在前面与公众打交道；而探索型人格者则扮演了幕后军师的角色，他们在后面不断修改完善工作计划。探索型人格者简要明确的工作主题往往是协调型人格者构建一整套可行系统的基础，但是因为双方都想被对方带动，因此在表面的和谐气氛下可能隐藏着缺乏动力的问题。

总之，无论是在家庭还是在工作中，探索型人格者和协调型人格者相遇，都需要双方主动去融入对方的生活圈子，多沟通交流，才能享受亲密关系带来的快乐和成就。

第 *7* 章

6 号：谨小慎微的质疑型人格者

他们是你身边最谨小慎微的人，他们从来不狂妄自大，也不喜欢把话说得太满，"凡事三思而后行"是他们坚定不移的信条。他们的忧患意识超过了所有其他类型的人，为了安全起见，他们会反复考虑和检查所有的细节，哪怕周围的人都认为这是小题大做。这类人做事通常不会出现什么纰漏，遇到麻烦时也能挺身而出，根据事先想好的预案果断处理。

有趣的是，这一类人身上集合了多种矛盾的性格成分：他们对世界充满了疑惑，希望依赖权威，却往往成为权威的挑战者；他们对别人充满疑问，喜欢以某种方式试探别人的真心，但他们对自己信任的人堪称最忠心耿耿的守护者，甘于矢志不渝地奉献甚至牺牲。

他们就是 6 号质疑型人格者，又称疑惑者、忠诚者、发问者。

第一节　值得信赖的职场"卫士"

每一种行业都有自己的风险，风险管控是组织和个人取得成功的一个重要因素。对于这点，没有谁比质疑型人格者认识得更深刻。所以，他们给大家的印象往往是"什么事都往坏处想的胆小鬼"。

事实上，质疑型人格者过分小心谨慎的作风并不是在庸人自扰，他们只是想把所有的隐患扼杀在萌芽状态，为所有可能威胁工作进展的隐患做好应对预案。每当预判的问题真的降临时，其他人格类型的人可能会惊慌失措，也可能会反应迟钝，但质疑型人格者会一反平时焦虑过度的样子，显出力挽狂澜的英雄本色。其他人或许是第一次面对这种情况，但质疑型人格者早已在脑海中做了无数次演习，可以胸有成竹地按照早已想好的对策摆平问题。

质疑型人格者在职场中往往是最具忧患意识的员工，他们经常能察觉大家没有注意到的问题，特别是潜在的风险。他们生性多疑，既能忠实地与众人诚信合作，又会反复猜测别人的动机。无论是事情本身的风险还是图谋不轨者的险恶用心，都很难逃过质疑型人格者的眼睛。所以，许多质疑型人格者会从事风险评估、情报、侦察、安保、疫病控制、质量检查、审计、监察之类的需要高度警惕性的工作。就算从事其他类型的职业，他们也依然会带着这种忧患意识来做事。

对于质疑型人格者来说，成为众人关注的焦点会令他们不安，他们往往不喜欢做组织的一把手，而是更喜欢充当一把手的左膀右臂。因为他们足智多谋却不擅长做决断，他们太过小心谨慎，在三思而后行的基础上依然瞻前顾后，生怕踏错一步。这种犹豫不决的多疑性格，很可能让他们错失大好良机。而思维缜密的他们也很清楚这一点，所以会主动扬长避短，仅仅充当为决策者提供方案的智囊或者捍卫决策者核心利益的忠诚卫士。

　　职场中的人际关系是复杂的，勾心斗角的情况屡见不鲜。有趣的是，质疑型人格者是所有性格类型中对人戒心最强的类型，但他们自己却又非常希望获得稳固、可信赖的盟友关系。他们总是试图从蛛丝马迹中揣测对方的心思，有时候会对别人的一言一行过度敏感，但这只是为了确定对方是否言行一致、是否经得起考验。

　　说到底，质疑型人格者最喜欢确定的人和事，最怕不确定因素。他们非常重视承诺，言出必行，力求成为值得大家信赖和依靠的人。与此同时，他们也希望别人能这样对待自己。在关系和睦、开诚布公、团结一致的组织文化氛围下，质疑型人格者不仅能最大限度地施展才华，而且会比谁都更加卖力地维护这种充满安全感的工作环境。

第二节　质疑型人格者的代表人物

　　说起曹操，让大家印象深刻的，除了他是一代霸主外，还有就是他谨小慎微和生性多疑的性格。曹操的这种性格就是典型的质疑型人格者。

　　质疑型人格者最典型的特征就是对还未出现的危险和困境做出提前的设想，他们缺乏安全感，凡事都会提前做准备。他们通常都不会等到问题出现再去解决，而是将问题消灭在萌芽状态。

从这个角度来分析曹操，我们会发现类似于这样的事情在曹操身上发生得太多了，现在选一两件大家比较熟悉的事情来解读曹操的质疑型人格者。

曹操在刺杀董卓未遂之后，被董卓追杀。曹操骑着一匹马仓皇逃跑，在逃跑的途中，他先是在中牟县被抓，但是因为当时的县官陈宫很仰慕曹操，就私自放了曹操，并决定放弃自己的官职追随曹操。在穷途末路之际，曹操忽然想起自己父亲的朋友——吕伯奢，于是，曹操带着陈宫投奔吕伯奢。吕伯奢看到远道而来的曹操非常高兴，他当时已经知道曹操行刺董卓，但吕伯奢相信曹操做的事情是一件利民利国的正义之举，因此他并没有揭发曹操，反而告知全家上下，一定要好好招待远道而来的贵宾。

安排疲惫的曹操和陈宫睡下之后，吕伯奢就和家人张罗着杀猪宰羊来招待他们。由于家里没有酒，吕伯奢便亲自出去买酒了，他的两个儿子在外面磨刀，准备杀猪。可是精神高度紧张的曹操没有心思睡觉，他的一对耳朵高高竖起来，屏着气，仔细观察外面的一举一动。这个时候，曹操正巧听见了磨刀的"霍霍"声和"捆起来""两个人一起上"等话语。

生性多疑的曹操觉得一定是吕伯奢的家人见钱眼开，想绑了自己交给官府。他二话没说，叫醒身边的陈宫，便将吕伯奢正在磨刀的两个儿子杀死，之后，他们还没有解气，又接连将吕伯奢全家上下都杀了，连小孩也没有放过。

杀完之后，曹操和陈宫才看到了被捆起来的猪，他们意识到自己误会了吕伯奢一家，人家不但没有要告发他们的意思，还准备好好招待他们。看到这一切，陈宫追悔莫及，后悔自己不该冲动行事，但是曹操却丝毫没有后悔的意思。他冷静下来之后，就和陈宫上马离开了。在半路上，曹操又杀掉了买酒回来的吕伯奢。在陈宫震惊的目光之下，曹操说出了那句让天下豪杰感到无比寒心的话，即"宁可我负天下人，不可天下人负我"。

看着如此残暴不仁又生性多疑的曹操，陈宫说道："如果之前是因为误会而杀人，那么现在明知是自己的恩人还要杀，就是不仁不义了！"一气之下，他选择离曹操而去，他不想追随一个如此多疑又自私的人。但这就是曹操的本性，他宁可错杀一千，也不会放过一个，这正是质疑型人格者所具备的特质。

还有一个有关曹操生性多疑的事例：曹操常常害怕身边的人会加害他，于是，他告知身边的侍从说："我这个人经常会在睡梦中杀人，所以我睡着的时候，你们都不要到我跟前来。"侍卫们都点头称是。

然而有一天，曹操在帐子里睡觉，他翻身的时候不小心将被子弄到了地上，一旁的侍者看到了，准备捡起地上的被子盖在曹操的身上。这个时候，曹操忽然一跃而起，举起剑就杀了这个侍者。

身边的人看到被杀的侍者都吓傻了，再也没有人敢靠近曹操，甚至连被杀的这个侍者的尸体都不敢处理。曹操睡醒了，看到床前血肉模糊的尸体和自己身上的血迹，大惊道："这是怎么回事儿，我睡觉的时候到底发生了什么？"当周围的人战战兢兢地告知真相之后，曹操懊悔不已，下令厚葬了这个侍者。从此之后，曹操在梦中杀人的事情就众所周知，再也没有人敢在曹操睡着的时候走近他了。

这件事情在所有人看来都是不可思议的，但是只有曹操身边的杨修明白这是怎么回事儿。他说："并非曹操在梦里，而是众人在梦里啊！"杨修也正是因为这句话而断送了自己的性命。但同时，杨修的这句话也向我们证明了曹操是一个典型的质疑型人格者，对身边的一切事情都会质疑，他不会轻易相信别人的结论，而是要通过自己的不断怀疑去验证。

在现实生活中，我们经常可以看到类似于曹操这种类型的人，他们总是疑神疑鬼的样子，例如有人喜欢翻阅别人的手机，窥探别人的隐私；身边的人不管说什么，质疑型人格者都不会相信，认为他们别有用心；哪怕是听到一堆人在低声议论，质疑型人格者也会怀疑别人是不是在议论自己。

由此可见，质疑型人格者就像一台红外线扫描仪，他们总是通过自己锐利的目光检查别人的内心，看别人的内心到底在想什么，看他们到底具有怎样的企图和目的，看他们对自己是否有害等。正是因为这种先入为主的观念，使得猜疑者越猜越疑惑，越疑惑就会越发起劲儿地猜，因此，常常会做错事儿。

对一代霸主曹操来说，尽管他足智多谋、有野心，但正因为他喜欢猜疑的性格和不信任身边人的做法，给他带来了无法挽回的损失。也许，正因为曹操是一代霸主，他深知斗争的残酷性，所以不管做什么事情，他都要小心翼翼。曹操的性格体现了政坛勾心斗角的险恶环境。

作为历史上最多疑和善于猜忌的霸主，曹操是一个不折不扣的质疑型人格者。

第三节　质疑型人格者的性格调整

质疑型人格者喜欢等级分明的环境，他们将权力和责任都分得一清二楚。对质疑型人格者来说，从事警务方面的工作和继续在大学攻读研究生课程都是不错的选择。一个处于权威地位的质疑型人格者，要么会完全按照规章制度办事，要么会站在反对权威的立场上，组织大家反对现有的规章制度。质疑型人格者也不喜欢受人控制，他们一般都是为自己工作。

对于那些有巨大压力和需要当场就做出决定的工作，质疑型人格者会感到头疼。他们随心所欲，不希望和他人竞争。质疑型人格者不追求即刻的成功，有的时候为了履行自己对他人的责任和义务，他们愿意做出大量的自我牺牲。在有同伴支持和鼓励的情况下，质疑型人格者会尝试冒险挑战权威。

怀疑论者将制定决策的大多时间都花在了怀疑上，一旦他们有了一个很好的主意，就会想"这个主意很好，但是……"。质疑型人格者总是想方设法让自己的主意变得更加完美，将各种可能出现的风险和错误通通排除掉。他们一般会很认真地提出一个想法，但是又会用同样认真的态度反对这个想法。

如果质疑型人格者处于学术研究的领域，正确的怀疑往往可以让科学更加精准，让程序更加明确。但是，过于坚持怀疑的人往往会忽略自己内心最真实的感受，绝大多数时候，成功的希望会被不必要的担忧所消灭。

对于质疑型人格者来说，足够的勇气对自己的行动是至关重要的。让自己的身体能够在不思考的状态下自如活动，是质疑型人格者需要修炼的。

身为质疑型人格者，当你对某件事情有所怀疑时，要先请教周围其他人的看法，再用这些想法探索事情的真相；当你感觉有某种不好的事情要发生时，先仔细思考致使你这么想的原因是什么，然后再问问别人的想法和感受；当你做了一件别人不理解的事情时，记得告知别人你目前的感受，用行动让别人了解你的动机；对于自己要经常接触的人，尤其是那些你认为值得交往的人，经常地交流会证明你对对方的友谊以及可信赖程度；当你对别人承诺一件事情的时候，尽管你可能犹豫不决，但一定要告知对方你的决心；当别人正在和你交谈时，若你支配着整个对话的过程，不妨问问此刻对方的感觉，你自己的感觉也要大声说出来。

质疑型人格者在行动上会有很多种表现形式，但是最集中的表现是无法让事情善始善终，在事情即将成功的时候，总是给自己寻找放弃的借口，他们将这些问题归结于自己害怕掌握权力。质疑型人格者需要他人的帮助，才能将注意力转移到积极正面的目标上，而不是单纯地被怀疑包围。

同时，质疑型人格者需要脚踏实地，一步步接近自己的目标，而不是采取鲁莽的错误方式来掩饰内心的恐惧，不要让过去的负面经历和情绪影响了自己。质疑型人格者可以通过下列方式帮助自己：

第一，将自己的畏惧放在现实里检验。把自己感到害怕的事情告诉一个值得信任的朋友，听听对方的反应和想法是什么，用事实和结果来检验自己的判断。

第二，留心自己试图从他人的语言和行为中寻找潜在意图的习惯。当留意到他人表现出敌意的时候，首先要反思自己有没有率先表现出进攻他人的倾向。

第三，不要试图划清自己和别人的界限。在和他人的交往时，不要一直追问别人的立场和强调自己的立场，这样很容易破坏彼此之间的信任。

第四，不要总是将别人看作没有能力或者是不值得信任的人，这样只能让别人离自己越来越远，自己的支持力量也会越来越弱。

第五，要意识到自己总是会想起那些糟糕的事情和经历，学会提醒自己多去想那些值得纪念或者是快乐的回忆。

第六，要敢于承认自己的胆量不够，总是需要得到权威的认可之后才会行动。

第七，当别人对自己表达好意或者恭维的时候，不要试图怀疑别人的意图，要先礼貌地接受，再分析自身的情况与对方的评价是否相符。

第八，停止自己对他人的观察，不要过分强调他人总是要言行一致，在要求别人的时候，也要审视自己的行为。

第九，学会和自己的朋友和亲人保持联系，不要因为害怕而躲起来或者退出，不要认为是别人抛弃了自己。

第十，要学会利用自己的想象力。当自己的注意力总是集中在糟糕的结果时，要通过自己的想象力将这个糟糕的结果夸大，这样你就会发现现实并没有自己想象得那般糟。

第四节　与质疑型人格者的相处之道

6号质疑型人格者　vs　6号质疑型人格者

质疑型人格者习惯怀疑他们所面对的一切，这种特质让人感觉他们总是在反对。"是的，但是……"或者"另一面呢"这样的表达听起来就是否定的想法，但是质疑型人格者却认为否定思维和逆向思维是不同的，否定思维是一种贬低，拒绝承认积极的、正确的内容，但是逆向思维是一种澄清，因为它说明了问题的另一面，能帮助人们更全面地看待问题，避免错误的产生。

如果两个质疑型人格者组成家庭，当一方处于被压迫的位置时，就会表现得格外出色，因为这时他的怀疑就是现实。但是，当夫妻双方都对同一外在事件感到焦虑时，他们便会团结在一起，形成"我们反对世界"的同盟。这种共同的怀疑会让两个人相互影响，共同坚持错误的观点，自信心的一点点漏洞都可能被放大为严重的灾难。

如果两个质疑型人格者成为工作伙伴，他们都喜欢带着怀疑的目光审视权威，但面对恐惧的不同态度会使得他们有不同的行为：恐惧型的质疑型人格者会寻找一个强大的保护者，而且他们也会非常感激那些在冲突中坚持站在他们身边的人；反恐惧型的质疑型人格者同样会感到害怕，但是他们会转变成办公室内的反叛领袖，会质疑当权者的领导。

总之，无论是在家庭还是在工作中，两个质疑型人格者相遇，都需要质疑型人格者能尽量克制自己的怀疑心，敢于表达自己真挚的情感，用追求公平、公正的态度来赢取彼此的好感和信任，才能维系和谐的关系。

6 号质疑型人格者 vs 7 号享乐型人格者

质疑型人格者和享乐型人格者都属于思维三元组，他们都受到焦虑感的驱使，但他们应对焦虑的方式大不相同：质疑型人格者在遇到焦虑时非常烦恼，这常常使得他们更加焦虑、悲观，对自己的前途更为消极，但他们也会反抗自己的担忧，怀疑自己，怀疑他人的目的；享乐型人格者则会用一系列的后备计划来寻找快乐，消除自己的忧虑。但是因为他们一个看到最好的可能，一个看到最坏的可能，如果掌握不好两者的协调，他们之间的矛盾会多于快乐。

如果质疑型人格者和享乐型人格者组成家庭，他们需要相互肯定，才能让目光交织。享乐型人格者对快乐的追求能够为质疑型人格者的怀疑心提供一剂良药；同样，能够在困难时期保持忠诚的质疑型人格者也能为害怕痛苦的享乐型人格者疗伤。但是如果享乐型人格者为获得更大的自由，开始花言巧语，遮掩事实，矛盾就出现了：前后不一致的表现会激发质疑型人格者的疑心，他们可能威胁退出，以示报复；这常常带给享乐型人格者痛苦感，为了逃避痛苦，享乐型人格者会选择离开，就容易导致这段亲密关系的破裂，也会对渴望亲密关系的质疑型人格者造成严重的心理伤害。

如果质疑型人格者和享乐型人格者成为工作伙伴，他们往往不是和谐的一对，因为他们都有半途而废的习惯。双方都喜欢在短时间内改变主意，质疑型人格者会怀疑，而享乐型人格者则被新的想法所吸引。这使得他们在面对问题时，都会选择拖延时间，双方都期望对方能够集中精力，但是双方都有无法坚持到底的毛病，因此常常让情况变得更加严重。当然，他们在目标一致的前提下也能够共同奋进。因此，当他们能够在合作过程中定时沟通、相互澄清自己的意图时，也能产生较高的工作效率。

总之，无论是在家庭还是在工作中，质疑型人格者和享乐型人格者相遇，都需要双方向对方学习：质疑型人格者学习享乐型人格者的轻松，享乐型人格者学习质疑型人格者的忠诚，如此就能减少彼此的不安全感，获得更多的快乐，也有利于建立一个和谐稳定的合作关系。

6 号质疑型人格者 vs 8 号领导型人格者

　　质疑型人格者和领导型人格者都是具有攻击性的人格类型，但他们攻击的方式有所不同：质疑型人格者是被动地攻击，领导型人格者则是主动地攻击。当他们走到一起时，若质疑型人格者将领导型人格者视为可信任的权威，他们就能够对领导型人格者忠诚。

　　但是，质疑型人格者又喜欢质疑权威，当领导型人格者的力量不够强大时，他们很难得到质疑型人格者的信任；而当领导型人格者的力量过于强大时，质疑型人格者又会因为感到巨大的压力而反抗领导型人格者，将其看作残暴的统治者，形成强烈的敌对情绪，甚至做出许多不理性的行为。这就容易激起领导型人格者的愤怒，进一步加剧彼此间的矛盾。

　　如果质疑型人格者和领导型人格者组成家庭，他们会是和谐的一对。他们都不喜欢多愁善感的表达，认为行动和灵感比柔情蜜意更重要。也就是说，他们要看到伴侣为了对方的利益付诸行动，才能相信对方对自己的爱意。而且，因为他们都对困难有所准备，所以往往能够共渡难关，做到不离不弃。但是，当领导型人格者对质疑型人格者投入过多保护时，就会使得保护变成了干涉，容易激起质疑型人格者的反抗，而质疑型人格者的反抗又会激起领导型人格者的愤怒，容易导致彼此的对立情绪。

　　如果质疑型人格者和领导型人格者成为工作伙伴，他们一个谨小慎微，一个鲁莽冲动，容易因为彼此的差异而受到巨大的挑战。在压力面前，领导型人格者倾向于先发制人，他们想要迅速控制局势；质疑型人格者习惯于退缩，仔细考虑行动的后果。双方的工作风格很不同：领导型人格者想要打破规定，把反对的势力最小化，似乎没有什么能够阻挡他们，如果他们不行动，反而会因为自己的软弱而害怕；质疑型人格者正好相反，想象力让他们夸大了反对的力量和领导型人格者鲁莽行动的负面影响，使得领导型人格者看上去更像是个问题，而不是一个值得信任的助手。这就容易激发彼此的矛盾。

总之，无论是在家庭还是在工作中，质疑型人格者和领导型人格者相遇，都需要领导型人格者注意自己权威形象的分寸，既不能太强，也不能太弱，否则都不能赢得质疑型人格者的信任和支持。

6 号质疑型人格者 vs 9 号协调型人格者

质疑型人格者和协调型人格者都注重安全感，都希望维持现状，都能够以家庭为重，这常常能使得他们走到一起。然而，他们都不是主动性强的人，都觉得以他人的名义行动要比以自己的名义容易得多。

如果质疑型人格者和协调型人格者组成家庭，他们常常会在爱情中迷失自己的方向。在夫妻关系中，协调型人格者往往扮演着安抚、慰问的角色，因为质疑型人格者会把这对夫妻的担忧表达出来；质疑型人格者在承诺和怀疑之间摇摆不定，协调型人格者对这种感觉也很熟悉，因为他们也会面临选择的难题。但是，在双方都不愿意完全投入的情况下，协调型人格者会变得失去活力，如同行尸走肉一般浑浑噩噩地生活；而质疑型人格者则会坐立不安，努力想要加深同协调型人格者的亲密关系，这常常使得协调型人格者觉得受到威胁，会变得更加被动。

如果质疑型人格者和协调型人格者成为工作伙伴，质疑型人格者在感到安全时，会向实干型人格者靠近，而且也会被实干型人格者追求的成功所吸引。质疑型人格者虽然怀疑自己的成就，但就像任何能干的人一样，他们会尽量让自己符合工作的要求。但是，这也可能导致他们为自己兜揽太多工作、承担许多不必要的责任，从而耽误自己工作的进程。而且，因为他们都是缺乏主动性的人，因此当他们处于充满竞争的工作环境中时，就容易因为承受过大压力而消极行事。

总之，无论是在家庭还是在工作中，质疑型人格者和协调型人格者相遇，都需要双方更积极主动地对待生活和工作，信任彼此，才能维系和谐而长久的关系。

第 *8* 章

7 号：今朝有酒今朝醉的享乐型人格者

他们是你身边看起来最乐天的人，活泼开朗、风趣幽默、兴趣广泛、多才多艺、自由自在，是他们给周围人留下的主要印象。最重要的是，他们比其他类型的人更喜欢玩，也更懂得什么样的玩法才有意思。沉闷单调的氛围是他们唯恐避之不及的地狱，但只要有他们这些"开心果"在，社交场合的气氛就不会索然无味。

你有时候会觉得他们有些没大没小、夸张过度、虎头蛇尾，却又不得不由衷地感叹他们旺盛的活力和层出不穷的鬼点子。他们热衷于体验世界上一切有意思的事物，追求新鲜刺激而丰富多彩的生活体验。跟他们在一起时，其他人能感受到一份浓厚的童真之趣，从而把烦恼暂时抛之脑后。

他们就是 7 号享乐型人格者，又称享乐型人格者、热情者、多面手。

第一节　充满激情的职场"开心果"

头脑风暴法是现代企业常用的决策工具。参与会议的人无拘无束地表达自己的想法，思维越发散越好，大家只阐述而不争辩，相互碰撞出灵感的火花，会议结束后再总结出一个可行的方案。这就是头脑风暴法的基本套路，而在"头脑风暴"中表现最活跃的往往是享乐型人格者。

在所有人格类型中，享乐型人格者的大脑可能是转得最快的。而且他们属于思维三元组，本来就以思维能力见长。不同于探索型人格者缓慢而深入的思考习惯，也不同于质疑型人格者以预判风险为重心的思维导向，享乐型人格者最善于进行跳跃性极大的发散思维。他们的思考一般不会太深入，而是在众多看似风马牛不相及的事物中迅速切换。有趣的是，这种高度发散的思维方式时常能意外地催生出令人叫绝的奇妙点子，因为它超越了固有观念的条条框框，从而在没有路的地方开辟新的道路。这种能力为享乐型人格者带来了与众不同的职场优势。

热情开朗的享乐型人格者具有在快节奏、高压力的环境中快速思考和行动的能力，在一个项目的初始阶段往往表现得最出色。神游八荒的开阔视野让他们能迅速闪现出独树一帜的灵感，为大家的工作打开新思路，找到新方法，取得新突破。但是，享乐型人格者的精力很难集中，无法保持一丝不苟、不厌琐碎的执行力。所以，他们在项目执行阶段的表现往往不如其他性格类型的员工。总体而言，他们更能胜任设计与策划等需要想点子的工作，至于系统地研究可行性方案、制订周密的工作计划、按部就班地落实细节等工作，恰恰是享乐型人格者的短板。

享乐型人格者喜欢冒险和刺激，喜欢尝试新东西，而且想到了就去做，不会有太多顾虑，这使得他们很容易成为对多个领域都有一定了解的多面手。也正因为如此，他们是职场中最渴望无拘无束的人，甚至比浪漫型人格者更在乎自由的工作环境。

他们精力充沛、兴趣广泛、热衷社交，什么都想了解一下。尽管他们占有的资源多、接触面很广，但资源利用率被他们三分钟热度的习性拉得很低。说到底，享乐型人格者还是怕被束缚在单一的选择上，希望掌握无限的可能性。因此，他们非常不喜欢按照严丝合缝的计划来做事，更喜欢领导只给出大方向和期限、让他们自由发挥的工作方式。唯有这样，他们才能自由、充分地发挥"新点子生产线"的优势。

第二节　享乐型人格者的代表人物

令狐冲是金庸小说《笑傲江湖》一书中形象最为丰满的角色之一，这也使他成为读者最欢迎的角色之一，这主要源于他身上的自由心态和人格魅力，那么这些都表现在哪些方面呢？

从对令狐冲的身世描述中，我们可以看出，令狐冲自幼无父无母，他是被自己的师父和师娘养大的，可是这并没有影响令狐冲的性格形成，他仍然表现出了极大的乐观和积极向上的心态。在众师兄弟中，令狐冲鬼点子最多，脑筋最灵活，只要大家犯了错误，第一个就会来找令狐冲想办法。

乐天、容易满足、以自己的意志为出发点是享乐型人格者的典型特质，他们不管周围的世界是怎样的，只要自己快乐就好。当他们沉浸在自己的快乐中时，周围的事情和人物很难影响到他们。

与江湖上其他人立志统一武林、为江湖除害的远大理想不同，长大之后的令狐冲身为大师兄，并没有任何以身作则的想法，依旧以玩耍和游戏的心态对待周围的人和事。他没有任何远大的志向和抱负，也不想成就任何伟大的事业，他每天要做的事情就是不断地喝酒，不断地大醉，不断地惹是生非，整个人都处于混沌的状态。没有远大抱负和追求，也是享乐型人格者典型的特质，他们从不会勉强自己做不喜欢的事情，一切都是以自己的意志和兴趣为转移。

也正是因为令狐冲无拘无束、自由散漫的性格，他常常犯错，经常被师父赶到"思过崖"反思自己的过错。可即便在思过崖，令狐冲也不安分，天天想着吃大鱼大肉和喝酒。这个时候，他的师弟会想方设法弄到他想吃的肉和想喝的酒。

从这一点上，我们可以看出令狐冲身上喜欢吃喝玩乐和善于处理人际关系的特质。享乐型人格者天生就是一个吃喝玩乐的主，他们最大的兴趣就是不断发现和创造生活中的乐趣，同时，他们也善于处理自己和周围人的关系，不管是哪种人，享乐型人格者都能跟其搞好关系。即使令狐冲是特别不靠谱的大师兄，可是他的师弟们依然都很喜欢他，不但能在小事上帮助他，还能为了他的事情和别人发生争执。

令狐冲善于处理人际关系的特质还表现在他竟然会和江湖大恶人田伯光在一起拼酒比剑，两个人还以兄弟相称。在当时那个正邪不两立的环境中，令狐冲这么做是极其出格的一件事情，这必将引来江湖上道貌岸然的所谓正义之士的不齿，尤其是令狐冲的师父（天下第一伪君子——岳不群）的深恶痛绝。

但是，这些并没有影响令狐冲要和田伯光结交兄弟的意志，在令狐冲看来，只要是自己想做的事，别人都没有权利干涉。他就喜欢我行我素，不想为未来考虑太多，只要当下的自己是满足和快乐的就行，这种想法同样是享乐型人格者的典型特质。

与此同时，令狐冲身上还有一个很典型的享乐型人格者特质，就是他见多识广。虽然他对很多事情并没有非常深入的了解，但是只要别人提起来，他都略知一二。这个特质也为他结交广大朋友和头脑中不时冒出新鲜的主意奠定了基础。

善于创新和想办法，是享乐型人格者身上的重要特质，需要创意和创新的事情交给他们去办，他们一定会交给你一份满意的答卷。比如，当采花大盗田伯光抓住一个尼姑时，令狐冲就立马说出"一见尼姑，逢赌必输"，这才使得田伯光产生了放掉小尼姑的念头。接着，为了不让田伯光骚扰小尼姑，令狐冲就和田伯光玩起了"屁股不离开板凳"的比赛，尽管知道自己的武功不及田伯光，但是凭借他灵活的头脑，最终赢得了这场比赛，让田伯光输得心服口服。

令狐冲做得最离谱的事情莫过于他喜欢上了魔教教主的女儿任盈盈。作为魔教教主的女儿，任盈盈可谓见过各种各样的优秀男人，可是为什么她偏偏会被一个名不见经传的小人物令狐冲所吸引呢？归根结底，还是因为令狐冲身上那种自由意识和享乐主义精神。在和任盈盈交往初期，令狐冲是以玩耍和游戏的心态来面对的，他头脑灵活，能随机应变，并且深谙吃喝玩乐之道，任盈盈和他在一起感到很满足，很快乐；交往中期，任盈盈发现令狐冲是一个很重情义的人，他对自己小师妹的恋恋不舍和对自己兄弟朋友的鼎力相助，都让任盈盈感觉这是一个值得托付的男人；交往的最后阶段，任盈盈发现令狐冲身上有种特殊的魅力，他总是能在第一时间觉察出自己的喜怒哀乐，并且给予支持和鼓励。这时候的任盈盈已经觉得，自己的生命和令狐冲分不开了。

由令狐冲和任盈盈的恋爱经历，我们可以看出，享乐型人格者是天生的爱情高手，他们总是会为自己的伴侣创造一个又一个的惊喜。和享乐型人格者在一起，伴侣们会觉得生活特别有意思，并且享乐型人格者还很会讨好自己的伴侣，只要感觉到自己的伴侣不开心了，他们总是能在第一时间给予安慰。

在现实生活中，并不缺乏类似于令狐冲一样的享乐型人格者。在他们看来，人生最大的意义就是吃喝玩乐，他们会是朋友圈中的活地图，闭着眼睛都能细数自己周围有哪些好吃的、好玩的东西，和他们在一起，你的生活一定会充满无限的乐趣。

但是，值得注意的是，人生并不是只有吃喝玩乐这么简单。就拿令狐冲来说，在江湖出现危难的时候，他也会挺身而出，担负起自己应当承担的责任，更何况是现实生活中的我们呢。

第三节　享乐型人格者的性格调整

享乐型人格者是永远年轻的人群，健康与活力是他们生活的重点，我们常常会在健身会所和保健品商店看到他们的身影。他们的形象也常会出现在医疗保健杂志上。他们是典型的理想主义者、未来主义者和世界级的旅行者。

通常，享乐型人格者不会从事例行公务的工作，因为这样的工作不需要冒险精神；实验室里的技术人员、会计和其他可以预计结果的工作，也不会是享乐型人格者的选择；同时，他们也不喜欢为一个苛刻的老板工作。享乐型人格者是为了一个有趣的项目、一个有意义的目标而努力工作的人，他们不像其他人一样为了薪水和个人利益而工作。

享乐型人格者对工作充满着美好的幻想，他们宁愿沉浸在这种无谓的想象中，也不愿面对现实中的枯燥工作。因为工作就意味着对一件事情做出完全的承诺，意味着要认真对待一件事情，而享乐型人格者更喜欢的是在多种选择之间徘徊，更喜欢无拘无束。

　　从精神层面来说，享乐型人格者喜欢想象积极正面的事情，他们经常会沉浸在自己的想象中。他们的心中装满了为未来制订的宏伟计划，但是这些计划仅仅局限于想象中，他们并不会去实际操作，也没有勇气亲身实践。

　　同时，享乐型人格者会过度沉溺于自恋的独特气质中，反而对客观真相视而不见。他们坚信自己是出类拔萃的，所以他们只寻找周围环境中支持他们观念的事物，也因为如此，他们会失去客观认识自己和别人的机会。

　　身为享乐型人格者，不仅要关注自己的需要，同时也要学会认真理解别人的需要，因为别人的意见和感觉也和你的一样真实，同时这样做会让你收获更多的朋友；当别人向你提出问题时，不要简单地向对方提出你的看法和建议，而是先征求对方的意见，看对方是否乐意接受你的看法和帮助；告知别人，即使是影射性地批评你，也会让你很生气，但那只是你暂时性地发脾气，请他们不要放在心上；当和朋友在一起的时候，你要告知朋友，你的心情是愉快的，只是你很难用语言表达出来；如果你有一个完美的计划或设计要告知大家，在你还没有说出来之前，最好先认真检查一遍你的计划和设计，这样会让你更加有把握；如果你有不能单独完成的事情，需要别人的帮助，就要在行动之前先告诉别人，这样别人才能更好地配合你，也不会觉得被你冷落了。不管是公事还是私事，如果你已经交给某个人去做，但是你又有了更好的想法，要先将你的建议告知委托的那个人，不要自己贸然行动。

由于享乐型人格者急于追求快乐，将快乐作为自己的心理防线，所以他们中的很多人会面临各种各样的问题。享乐型人格者需要认识到自己对快乐的盲目追求，他们的注意力只看到了积极的幻想或者其他愉快的行为，而忽视了现实的痛苦。

享乐型人格者可以通过以下方式帮助自己：

第一，要认识到自己的注意目标只是青春和活力，而没有看到年龄增长和成熟带来的价值。要学会面对痛苦，从痛苦中发现问题，不要总觉得"我如果需要帮助，那么我就是有缺陷的"。

第二，不要让自己沉浸在表面的快乐中，而忽略了深层次的体验。给自己留出充足的时间，倾听心底最真实的声音，确认自己表面上体验到的快乐是否满足了最深层次的需要。

第三，不要总是觉得自己跟别人不一样，必须获得特殊的待遇。要将周围的人和自己同等看待，看到每个人都有自己的价值，自己并没有高人一等。

第四，当良好的自我感觉遭到质疑时，尽管自己已经十分愤怒，也要学会控制自己的情绪，继续完成工作。当自己的情感出现问题的时候，也不要两极化地看待他人。如果眼前的事情真的很糟糕，要学会接受现实，而不是胡思乱想。

第五，要认识到自己喜欢逃避现实，总是美化事物，将自己放在虚假和不真实的幻想情景中。要试着生活在当下，体会当下的感觉。

第六，要学会接纳别人的看法，尤其是对自己的评价。要接受自我评价和别人评价之间的差异，学会正确客观地评价自己。

第七，在面对困难的时候，不要试图通过脑海中的幻想来否认它的存在，而是要客观地接受和分析当前的困难，必要时寻求外界的帮助。

第四节　与享乐型人格者的相处之道

7号享乐型人格者 vs 7号享乐型人格者

享乐型人格者都精力充沛，无拘无束，乐于追求新事物和新体验，他们不只自己快乐，更会把快乐与身边人分享。他们崇尚自由，不愿受到束缚，他们在一起常常容光焕发。但最大的问题在于他们都只关注自己，对对方没有耐心，也都很难承诺于一段关系，从而给双方关系带来阴影。

如果两个享乐型人格者组成家庭，对方常常符合自己理想伴侣的条件，他们精力充沛、独立、乐观、成功并敢于冒险。但是他们的爱情很难长久，好奇心和对冒险的贪心让享乐型人格者很难对某段感情专一，他们也都害怕枯燥和束缚，常常很快就对彼此失去了兴趣。除非愿意去感受深层的情感，接受被束缚的正面影响，他们的情感才会发展得更好。

如果两个享乐型人格者成为工作伙伴，他们常常会感觉很快乐，尤其是短期、快节奏的项目上，如果把他们放在正确的工作岗位上，他们的工作效率会达到最高。但由于他们都关注自我，也有可能导致双方都固执己见，都认为自己应该得到更多，在待遇问题上可能不断发生摩擦。他们都喜欢创造构思，而不愿意亲自负责实施，有时候工作可能会难以完成。他们彼此自尊心都很强，如果一方批评指责，他们也会陷入彼此的争斗中去。

总之，两个享乐型人格者在交往过程中，双方需要寻找共同的目标和爱好，这是他们之间关系保持稳定的重要前提。另外，如果双方都愿意对自己适当约束和克制，他们的关系也可以更加平稳地发展下去，不至于发生这样或那样的矛盾。

7 号享乐型人格者 vs 8 号领导型人格者

享乐型人格者和领导型人格者都是自我肯定的类型，充满活力，有坚强意志去达成意愿。在积极行动中，享乐型人格者会比较轻松愉快，而领导型人格者则沉稳有力，他们往往合作愉快。如果意见不合，领导型人格者倾向于恐吓，享乐型人格者会逃避受控、甚至侮辱或蔑视领导型人格者的权威，因此他们常常会把小事闹大。

如果享乐型人格者和领导型人格者组成家庭，当领导型人格者开始想要限制享乐型人格者的活动时，双方的矛盾就出现了，享乐型人格者会寻找借口摆脱。他们并不是那么容易点头屈服的人，面对不断加重的压力，享乐型人格者开始表现出完美型人格者的特征，变得挑剔，这样双方就常常会形成不断争斗的局面。这对夫妻常常会同时拥有探索型人格者的特征，和对方分离，只有用一种安全的交流方式来面对双方的问题，他们才能达到和谐。

如果享乐型人格者和领导型人格者成为工作伙伴，享乐型人格者的想象力能够产生创造性的技术或者独特的想法，其乐观精神和创造力也能够推动企业不断向前发展；而领导型人格者则让项目的推动更加迅速和有效。领导型人格者害怕失去控制，而享乐型人格者正好害怕被人控制，如果领导型人格者领导过于强硬，享乐型人格者员工就会感觉自己遭到控制，因而会坚决反抗。而只有双方重新建立信任，放弃成见，他们才可以重新回到正常的轨道上来。

总之，在享乐型人格者和领导型人格者交往的过程中，双方首先需要建立的是共同的目标和信任，只有在这样的基础上，他们之间才可以获得很多的共同点。另外，领导型人格者需要降低自己的控制欲，而享乐型人格者应该主动承担自己的责任而不是一味逃避或者放纵，这样他们之间的关系才可以更加和谐。

7号享乐型人格者 vs 9号协调型人格者

享乐型人格者和协调型人格者的最大问题在于都不愿意去面对和解决困难，往往选择容忍和逃避，因而如果问题无法避免，他们就会相互埋怨，享乐型人格者会愤怒急躁，而协调型人格者会退缩躲避，双方会缺少正常的沟通，甚至会越闹越僵。

如果享乐型人格者和协调型人格者组成家庭，享乐型人格者让自己的生活充满了各种选择，协调型人格者也是那种愿意接受各种思想的人，这种开放的思维让他们都愿意接受多样性的生活。问题在于享乐型人格者专注于自己的兴趣，协调型人格者习惯与享乐型人格者融合，所以当协调型人格者的需要被忽略而满面愁容时，享乐型人格者可能还在忙碌自己的事情。因此，他们很可能发生冲突。但是，当享乐型人格者愿意面对痛苦，而协调型人格者找到自己值得维护的立场时，他们的关系可以发挥得更好。

如果享乐型人格者和协调型人格者成为工作伙伴，享乐型人格者会根据习惯工作，而协调性人格者则是处理细节问题的能手，二者工作风格上的巨大差异常常可以让这段关系更好地互补。但两者都不善于科学管理自己的时间，享乐型人格者总是同时做着好几件事情，协调型人格者则会在一些细枝末节上徘徊不前，偏离了原定的工作计划，直到最终期限临近，他们才会紧张地关注眼前要做的事情。协调型人格者对于被忽视很敏感，没有得到夸奖的协调型人格者会变得沉默、顽固，享乐型人格者通常会对协调型人格者的啰唆感到厌烦，而如果他们有耐心，很可能发现自己容易忽视的信息。享乐型人格者领导的计划变来变去，协调型人格者员工则会有意放慢工作节奏。

总之，享乐型人格者和协调型人格者交往的过程中，最常见的问题就是协调型人格者不能顺利表达出自己的意见，只是不断保持沉默，这些都会引起双方的误解并造成冲突；享乐型人格者如果更多懂得关注，而协调型人格者如果更多注意表达，他们之间的关系常常可以发展更顺利。

第 *9* 章
8 号：运筹帷幄的领导型人格者

他们是你身边气场最强势的人，"我命由我不由天"是他们的信条。主宰自己命运的决心，战胜一切困难的胆识，在他们的身上展现得淋漓尽致。他们霸气外露，斗志昂扬，崇尚力量，不惧斗争，不断披荆斩棘，毕生都在开创自己的一片天地。其他类型的人往往会被他们的豪情壮志所感染，被他们的刚强不屈所激励。

他们爱憎分明，直爽豪迈，喜欢与强者竞争，信奉"弱肉强食，适者生存"的法则，却又爱替弱小者伸张正义、打抱不平。他们不喜欢被别人领导，而倾向于领导他人，处于下位时会挑战现有格局，处于高位时则希望一切在自己的掌控之下，无论何时何地都试图树立不可动摇的个人权威。

他们就是 8 号领导型人格者，又称挑战者、保护者。

第一节　天生的领导者

领导型人格者喜欢充当保护者的角色，他们习惯为自己的爱人和朋友出头，捍卫他们的利益，让他们站在自己的身后，得到充分的保护。

领导型人格者喜欢掌握和控制别人，他们喜欢领导的位置，希望别人都听从自己的安排，也希望能用自己的影响力控制周围的局势。一旦周围的环境超出自己的预料和掌握，领导型人格者就会感到特别不舒服、不自在。

领导型人格者的人生观和价值观是弱肉强食，优胜劣汰。因此，领导型人格者会不断增强自己的能力，同时，他们也会不断寻找对手的缺点。

领导型人格者最害怕的事情就是让别人看到自己的缺点和软弱，所以他们一旦有缺点和软弱都会掩藏起来，不让别人知道，这也是他们自我保护的一种方式。比如，在工作中，领导型人格者生病了，可是工作又到了最关键的时候，在这个时候他们是绝不会休息的，不管有多么不舒服，他们都会硬撑着不让别人知道，直到工作结束。

领导型人格者大大小小的事情都要自己拿主意，大到要从事何种工作、与何人结婚、在哪个城市发展，小到买什么样的家具、吃什么样的饭、周末去哪里玩，他们都要自己做决定。比如，一伙人出去吃饭，地方一般都是由领导型人格者来定，一旦别人决定了这件事，领导型人格者就会不快，或者索性不去。

领导型人格者是天生的创业者，他们不喜欢给别人打工，觉得听从别人的安排是一种极大的折磨。所以，他们会一直筹划创业，一旦机会成熟，他们就会立刻辞掉工作，开始创业。

领导型人格者会不断完善自己的能力，认为只有自己足够优秀，才能控制自己的生存环境。所以，他们会不断学习有用的东西，认为只有自己学会了，才不会被周围的人糊弄，才会足够安全。例如，优秀的企业领导者一般都是从最基层做起，在基层的实践中，他们能学会各种工作所需要的经验，在做决定时，他们完全了解真实情况，能根据实际情况做出正确决定。

领导型人格者喜欢冒险，但要在自己能控制的范围之内。通常他们冒险是为了创业和自己的成功，这个特质和享乐型人格者一样，享乐型人格者也喜欢冒险，但是他们纯粹是为了好玩，与成功无关。比如，领导型人格者和享乐型人格者一起玩冒险的蹦极游戏，领导型人格者的目的是锻炼自己的胆量，能在恐惧面前从容不迫，可是享乐型人格者只是为了刺激和过瘾。

领导型人格者喜欢挑战，他们常常是"明知山有虎，偏向虎山行"，他们想通过挑战艰巨的任务来证明自己的实力。实干型人格者也喜欢挑战，可是实干型人格者在挑战中会寻求捷径，只要能证明自己的能力，他们会不惜一切手段。比如，同样是比赛谁的力气大，如果领导型人格者和同龄人比赛赢了，就会觉得高兴，要是和比自己小的人比赛赢了，就会觉得胜之不武；但是实干型人格者就不一样，不管是和谁比赛，只要赢了，实干型人格者都会很高兴。

领导型人格者特别任性，只要是他们决定的事情，就一定要做，不会听从别人的建议，直到撞了南墙才会回头。

领导型人格者不仅对自己要求高，对别人要求也高，有时甚至有点完美主义，因此会得罪许多人。在工作中，如果下属做对了，领导型人格者不一定会表扬；但是如果下属做错了，领导型人格者一定会批评。

领导型人格者很有号召力和"鼓动力"，有领导型人格者在场，周围的人都会激情澎湃和热血沸腾，感觉跟着领导型人格者特别有盼头。但是，因为领导型人格者总将自己摆在较高的位置上，所以他们有时也会目中无人，不懂得尊重别人。

领导型人格者追求自给自足，不喜欢依赖别人，在他们看来，依赖别人就是被别人掌控，只有自己学会，才不会被别人掌控。所以，领导型人格者一般都是自己的事情自己做，不到万不得已，不会让别人插手。

第二节　强势果断的职场领袖

在职场中，最不怕困难险阻的就是领导型人格者，最喜欢开创常人不敢想的事业的还是领导型人格者。其他性格类型的人要么顾虑风险，要么畏惧难度，要么觉得不靠谱，要么觉得没意义，不愿去做一些"伟大的壮举"。但领导型人格者只要认定了目标，就会排除万难、披荆斩棘，不惜一切代价将其完成。这种无与伦比的魄力与胆识，让他们很容易成为组织中各层级的一把手，而他们也往往把成为团队中的领袖人物作为自己的奋斗目标。

领导型人格者也许不如完美型人格者原则性那么强，不如给予型人格者讨人喜欢，不如实干型人格者善于表演，不如浪漫型人格者有灵气，不像探索型人格者擅长思考，不像质疑型人格者重视风险，不像享乐型人格者善于变通，不像协调型人格者平易近人，但他们对宏伟目标锲而不舍的决心超过了其他所有的人格类型。

在这种决心的驱使下，领导型人格者会有意识地寻觅各种类型的人才，组建自己的团队，攻入充满竞争的市场或者开辟前景未明的新领域。他们自信果断，崇尚实力，知道怎样鼓舞大家奋力拼搏，也知道怎样凝聚人心，有着出色的组织管理能力。这些领导者必备的素质，在领导型人格者身上表现得尤为突出。从这个意义上来说，他们天生就是能以威信服众的领导者。

尽管打拼事业的过程一波三折，但领导型人格者本身的思维方式比较直来直去，甚至有好大喜功的倾向。他们崇拜古今的名人与伟人，不满足于小打小闹的胜利，而是希望在努力拼搏后取得举世瞩目的巨大成功。这就导致他们的人生像赌局一样大起大落。

他们会观察形势，等待时机，然后抓住机会全力一搏。无论过程怎样，只要他们不拿到想要的东西，不实现早已定好的目标，就不会善罢甘休，这种执着的精神也是其他性格类型所不具备的。假如领导型人格者选择了正确的奋斗目标，有可能会名垂青史；若是选择了错误的奋斗目标，则很容易给人们带来灾难。

领导型人格者喜欢掌权，喜欢做团队中的决策者，这样便于自己最大限度地掌控环境。所以，他们有着强烈的"地盘"意识，也非常重视保护小团体中所有部下的利益。尽管他们有时候作风霸道、刚愎自用，听不进不同意见，但实际上对"自己人"非常关爱，会尽心尽力地做大家的保护伞。

第三节　领导型人格者的代表人物

所谓领导型人格者，就是指那些具有优秀管理才能，能为整个团队出谋划策，能挡在许多人前面充当保护者角色的人。

说起最具领导型人格者特征的人物，无人不佩服三国时期的刘备。在那样一个诸侯混战、动荡不安的年代，白手起家的刘备，凭借自己出色的领导能力组建了一支精英团队，因而成就了一番霸业，也促成了历史上有名的三国鼎立的局面。

那么，刘备优秀的领导能力表现在哪些方面呢？

首先，刘备特别重视人才。刘备出道早期，身边只有结拜兄弟关羽和张飞。他深知自己的力量单薄，所以一直在寻觅有识之士。后来，在水镜先生的指引下，刘备"三顾茅庐"，请出了诸葛亮，紧接着又招募了"凤雏"庞统。刘备招募的这些人，无不令其他诸侯羡慕不已。

值得注意的是，刘备之所以能招募到这些旷世之才，与他宅心仁厚、满腔抱负是分不开的，更重要的是他爱民如子，深得民心。比如，在逃离樊城被曹操追杀的途中，刘备面临前有江河阻拦、后有曹兵围追堵截的情况，形势十分严峻，身边的将士几次提出让刘备抛下百姓，自己一个人逃跑，都被他拒绝了。虽然每天带领数以万计的百姓只能走十里路，但是刘备依然不愿舍弃这些人。最后的结果是刘备的夫人投井身亡，儿子阿斗丢失。

从这个事例中，我们可以看出领导型人格者的一个重要特质，他们会充当保护者的角色，站在需要他们保护的人前面，这样会让别人有种安全感，这也让当时的刘备赢得了人心。

其次，刘备具备优秀的用人才能，他经常使用的用人招数有以下两个：

第一，攻心战术。刘备所谓的攻心战术就是征服人心。他用真情打动身边的人才，使他们全心全意为自己服务。就拿最经典的"三顾茅庐"来说，刘备第一次和第二次去都没有见到诸葛亮，身边的关羽和张飞都着急了，只有他不着急，依然不厌其烦地去了第三次。他用自己诚恳的态度来打动诸葛亮，最终功夫不负有心人，成功地请出了诸葛亮。

第二，知人善任。刘备深知周围人的特点，比如诸葛亮和庞统足智多谋，能给自己出谋划策；而关羽和张飞英勇善战，在战场上能大展宏图；赵云能文能武，细致严谨的事情一般交由赵云去做。刘备会将这些人才用到恰当的地方，使这些人各展其才。

从刘备这两个用人策略上我们可以看出，刘备身上具有控制大局和善于领导别人的特质，不管是攻心战术，还是知人善任，他都能让手下人心甘情愿地为自己办事，能立即执行自己的命令，使他一直处于做决定的领导核心地位。

再次，刘备善于沟通，具有号召力，能在第一时间聚拢人心。这是领导型人格者最重要的特质，他们能让别人信服自己，并且在第一时间将涣散的人心聚拢起来，这有利于激励将士们的士气。比如，在长坂坡，赵云冒着生命危险和曹操的百万大军浴血厮杀，七进七出，最终将阿斗救了出来。大家想着阿斗的安危，都六神无主，不知所措。当赵云捧着阿斗平安归来时，刘备接过阿斗就要往地上摔，正是这个动作感动了刘备身边的人，他们的士气更加旺盛，从此君臣更加一条心。

从这点上我们可以看出来，刘备具有很好的沟通能力和号召力，他知道面对赵云不惜生死救回来的儿子，再多的语言在当时都会显得苍白无力。所以，他通过摔儿子的动作，证明了将士在他心目中的地位比儿子更加重要。因此，他赢得了将士们的心，让他们的士气更加旺盛。

此外，刘备具有远大的抱负，但是在自己的能力还不具备的时候，他会养精蓄锐，办事情能把握好分寸，这里的分寸是指以自己的现有能力去办事，不会做那些自己办不到的事情。等到自己的能力达到足够的水平，刘备才会考虑更高的目标。比如，刘备初期只是一个卖草鞋的小贩，但是他从来没有忘记自己的另一个身份——皇族，正是抱着这个身份，他开始通过行动来营销自己，笼络天下的有识之士，使自己的队伍不断扩大。之后，他再说出自己的目标就是匡复汉室，并且带领着自己的将士朝着这个目标而努力。

刘备的表现就像一个具有领导力的人想创业，去做一番大事业，但是苦于手上没有任何资本，他们只好先给别人打工，积累人脉和经验。等到时机足够成熟的时候，他们再考虑自己的大事业。满怀远大的抱负和目标也是领导型人格者的显著特征之一，不管怎样，他们都不会安于现状。

最后，刘备的思想与时俱进，能掌握正确的工作方法。刘备最擅长用的一个手段就是贴安民告示，所谓的安民告示，就是针对百姓关心的问题，给出令他们安心的答复。刘备深谙人民群众是打江山最重要的力量，做任何事情都要以人民群众的利益为出发点，这样既能安稳人心，又能为自己赢得人民群众的支持，可谓一箭双雕。

从刘备的经历上我们可以看出，虽然他有一个皇族的身份，但是由于家道中落，他并不具备其他的优势。可就是这样一个什么都没有的人，却凭借优秀的领导能力、高瞻远瞩的眼光，做出了一番丰功伟绩。

从刘备身上看领导型人格者的特质，你就会准确地辨别自己身边的领导型人格者。

第四节　领导型人格者的性格调整

领导型人格者是典型的"困难领导者"，越是面对困难和阻碍，他们越能表现出对领导权的忠诚和执着，也越能直面挑战。

在领导型人格者所有果断和放纵的行为中，他们很难表达出自己内心深处最大的渴望和他们真实的目标。领导型人格者不断斗争和制造麻烦的目的就是为了让自己保持兴趣，但是当外界满足了他们的兴趣时，他们就会立即进入控制者的状态，让自己的目标变成现实。

领导型人格者性格强势，他们会清楚地告知他人自己的立场是什么。在领导型人格者企图操纵他人时，他们的手段强硬，态度坚决，所以很快就会被对方察觉，因此可能不会达到预期的目的。

领导型人格者总是关注别人隐藏的企图，他们会在敏感问题上有意与对方发生冲突，试探对方是否能经受住压力。对于领导型人格者来说，公平竞争是一种双赢的选择，如果赢了，他们可以体验到掌控权的满足感；如果输了，他们会消除对对方的不信任感。

领导型人格者坚持认为自己心中的真相就是绝对的真相，为了这种真相，他们不惜将任何反对意见当作自己的攻击目标。一旦进入这种状态，领导型人格者就失去了灵活性，他们无法反思自己的立场，也无法接受新的信息来改变自己的立场。直到领导型人格者逐渐成熟之后，他们才可能会有意识地妥协，不仅关注自己的想法，也会倾听别人的观点。

领导型人格者在成长过程中形成了注意力的取向性，他们总是试图用自己的观点说服他人，这会导致他们被自己的无知所笼罩。一个无意识的领导型人格者会将反对他人当作一种习惯，为获得控制权而投入大量的精力。

身为领导型人格者的你，当和别人交谈时，你要明白，提高嗓门不但不会引起别人的注意，反而会让别人停止倾听，并且你此刻的嗓门要比你认为的还要大；当你觉得对方没有在认真听你说话时，不要再次重复你的话语，而是要求别人帮助你澄清你所说的内容，请他们谈谈自己的看法；当你有很多问题需要询问周围人时，提前告知他们，这些问题并不是为了为难他们，而是让你对情况有更全面的了解；不要指望别人像你一样能对一个问题或者一种情绪马上做出回应，要给他们思考的时间，这样你才能得到满意的答复；如果你感觉周围的人伤害了你的感情，要马上告知对方，或许那只是你自己的一种错觉；要注意你无心说出来的、伤害人的话语，也许你觉得没什么，但是对方可能已经生气，一旦察觉，就要立刻向别人道歉。

领导型人格者一旦走出原始反应进入更高的境界，就会调动自己的潜能，以敏锐的反应能力控制周围的环境。如果领导型人格者能够从以下方面进行改善，他们将会大大受益：

第一，领导型人格者总是要求对自己周围的关系予以明确的定义，在定义周围的关系时，他们将斗争看作发展信任的一种方式。这种做法会让领导型人格者走向极端，在他们看来，周围的人群分为两派：一派是朋友，一派是敌人，而他们总是通过挑衅使敌人采取行动。如果他们能意识到自己的绝对化分类，将对改善人际关系有很大的帮助。

第二，领导型人格者不管在工作还是生活中，总是试图为自己建立清楚明白的规则，可是一旦建立规则，他们又渴望破坏规则。领导型人格者总是生存在这种矛盾的状态中，他们明白规则的有效性，并且知道需要努力遵守才能得到进步；但是在破坏规则的时候，一定要清楚自己的做法是对还是错。

第三，领导型人格者需要注意自己对别人的控制欲望是否是自己的真实意图。不要滥用对别人的控制欲，一旦有违于自己的内心，就要遵照内心的想法来做。

第四，领导型人格者要尝试拖延自己的情绪表达。在自己准备发火的时候，先默默倒数十下。不要总是从外界寻找问题的根源，要学会从自己的身上寻找问题，发现问题，并且为自己的问题认错道歉。

第五，不要将别人对自己的帮助看作怜悯，也不要将潜在的帮助拒之门外。多发现和赞扬别人的优点，学会妥协，将对你有很大的帮助。

第六，不要对自己看不顺眼的人进行攻击，要适当地学会示弱。依赖别人并不见得是一件坏事，有的时候会被看作是在乎朋友的表现。

第五节　与领导型人格者的相处之道

8 号领导型人格者 vs 8 号领导型人格者

两个领导型人格者相遇的时候，是两个保护者的沟通，他们之间有很多的和谐点，但是也会产生一些沟通上的问题。

两个领导型人格者在一起常常会富有激情和活力，他们都意志坚定而实际，不会空谈，比较务实。两个人在一起常常可使美梦成真，特别是两个领导型人格者旗鼓相当时，双方往往可以建立足够的信任，彼此尊重，真诚地相互沟通。问题是他们的关系常常是不稳定的，他们彼此都有很强的自尊，会不自觉地争夺主导权和控制权，难以做到平等对待和分享，常常会产生一些摩擦。

如果两个领导型人格者组成家庭，双方常常能感觉到生活的活力，有一种本能的吸引，很多方面可以达成共鸣，也会在很多方面有相似的见解，一拍即合。但是因为双方都比较强势，他们都只关注自己想要的，常常忽略了对方的感受，所以常常大吵大闹。如果双方谁也不肯示弱，那么很可能会因此分道扬镳。

如果两个领导型人格者成为工作伙伴，双方都有英雄相惜的感觉，可以很快达成共识，并且迅速推进所商议的想法，相似的节奏常常让他们的配合特别有效率和推动力。但是他们之间如果没有清楚的界限，权力之争将会不可避免，他们都不愿被控制，除非双方有着共同的利益，并且需要相互帮助。大部分领导型人格者都是办公室政治的参与者，他们总是善于利用规则来保持和改变已有的权力格局。

两个领导型人格者在一起，需要寻求共同的发展目标和共同的利益，否则在彼此的斗争上会造成很多内耗。另外，如果有一个领导型人格者懂得妥协，那么他们的关系也能够发展得更好。他们就像两只老虎被关在一个笼子里，要么是双方面对共同的敌人，要么就是一方懂得示弱。

8 号领导型人格者 vs 9 号协调型人格者

领导型人格者和协调型人格者相遇的时候，是保护者和协调型人格者的交流，他们之间有很多和谐点，但是也会产生一些沟通上的问题。

领导型人格者常常给这段关系带来领导力，而协调型人格者往往会被领导型人格者的大无畏精神所吸引。同样，协调型人格者对领导型人格者往往也有安抚作用，能带给他们所需要的平静和安详的感觉。领导型人格者累了，可以回到协调型人格者的包容和安稳里休息，学会协调型人格者的平稳安详，而协调型人格者也可以学会领导型人格者的自信和自我肯定。但是领导型人格者的强势往往会造成协调型人格者的退缩封闭，使其进行消极对抗，从而使双方关系陷入僵局。

如果领导型人格者和协调型人格者组成家庭，领导型人格者常常会把兴奋的情感带进双方的关系，激发伴侣的能量，领导型人格者的欲望和协调型人格者的忘我常常会让他们共同追求舒适的生活，这对夫妻能够在家里和睦相处，对伴侣和朋友都十分慷慨。领导型人格者具有控制欲，而协调型人格者也确实很少拒绝，但是双方并非总能产生支配和顺从的关系，如果协调型人格者情绪低落，常常会选择不配合，这样领导型人格者往往会挑起争端，而协调型人格者会不断选择逃避和转移注意力，把问题搁置下来，从而可能引发更大的矛盾。

如果领导型人格者和协调型人格者成为工作伙伴，他们的合作既有可能是飞速前行，也有可能是对意志力的考验。领导型人格者喜欢控制，而协调型人格者期待和谐，当他们的能量结合在一起时，结果可以非常积极：领导型人格者会主动发起行动，而协调型人格者则会负责调停和提供支持，他们此时是很好的工作伙伴。但是领导型人格者很容易生气，而协调型人格者善于被动反抗，强硬的领导型人格者面对柔软而顽固的协调型人格者常常无可奈何。但是愤怒可以让协调型人格者的不满公开化，这样反而能让双方的关系正常化，因为领导型人格者知道了真相，而协调型人格者也因为说出真相而最终得到解脱。

总之，无论是在家庭还是在工作中，领导型人格者和协调型人格者相遇，领导型人格者需要学会妥协和柔性，协调型人格者需要懂得对方生气的积极意义，这样双方就都能受益。

第10章

9号：化干戈为玉帛的协调型人格者

他们是你身边最与世无争的人，从容淡定、温和友善、慢条斯理、悠闲泰然是他们的主要形象。当别人都争先恐后地追逐潮流时，他们总是不紧不慢地按照自己的节奏走，你很难用物质诱惑或精神激励来改变他们的既定步调；他们不以物喜，不以己悲，没什么雄心壮志，践行着顺其自然的人生哲学；他们大肚能容天下事，能包容与自己极端相反的人和事。

这是一群不善于拒绝的老好人，往往满足于现状而不希望发生变化与纷争。他们善于平复大家的负面情绪，为别人提供支持，并且努力调和各方矛盾，让群体关系变得更为融洽。从他们身上，你会感受到一种其他人格类型所没有的安逸和宁静。

他们就是9号协调型人格者，又称和平缔造者。

第一节　和谐至上的好好先生

协调型人格者是和事佬，当周围熟悉的两个人发生矛盾时，协调型人格者会尽自己最大的能力安慰双方，找到让双方都满意的最佳解决方案。比如，协调型人格者的两个好朋友因为争论某一观点吵起来了，协调型人格者会站出来说："两个人的观点各有道理，也有各自的不足，将两种观点融合在一起，才是最完美的。"协调型人格者处理人际关系的理念是：既不得罪这个人，也不得罪那个人。

协调型人格者没有自己的主见，会根据别人的意愿来安排自己的生活。他们的附和力非常强，只要是别人喜欢的，他们都会喜欢，他们考虑问题总是以别人的意愿为出发点。比如，一伙人去吃饭，里面有领导型人格者、享乐型人格者和协调型人格者，享乐型人格者会列举许多好吃的东西以及吃饭地点，而领导型人格者会决定去吃什么、到哪里去吃，最后剩下协调型人格者，他不会发表任何意见，只要大家说哪里好，他就会觉得哪里好。

协调型人格者喜欢做熟悉的事情，这样会让他们有安全感；他们不愿冒险和改变，因为这样会让他们无所适从。比如，协调型人格者不喜欢吃韭菜，不管你如何说韭菜的价值和好处，协调型人格者都不会吃，因为在他们看来，尝试一个自己不熟悉的东西太过冒险了。

协调型人格者做决定的过程非常缓慢，他们会考虑之前的各种事情和可能因为这个决定而引起的后果，对于他们来说，失去一些东西是非常可怕的。

协调型人格者喜欢平静安稳的生活，他们不追求大富大贵，认为只要自己周围的人都相安无事就行了，周围人高兴，他们也会感到很高兴。所以，由于协调型人格者很容易满足的心态，幸福感也相对高些。

协调型人格者态度温和，是一个爱家人和朋友的老好人，只要别人需要他们的帮助，协调型人格者都会积极主动地伸出援手，从来不会拒绝别人的请求。有时候自己明明帮不了，也会勉为其难答应。比如，有个朋友向协调型人格者借钱，恰好协调型人格者自己也没有钱了，但是他仍会答应朋友，他会向家人和其他朋友借钱，然后再借给那个朋友。

协调型人格者害怕困难和挑战，一旦生活中有自己无法应付和处理的事情，他们就会采取逃避的态度，等待别人或者时间来为自己解决问题。

协调型人格者喜欢为自己找借口，他们总是强调别人的优势，认为自己再怎么努力也不会追上别人，所以，失败了也是情有可原的。比如，当你将协调型人格者和其他有些成就的人做比较时，你说："只要你肯努力，你的成就肯定比这个人要高得多。"这个时候协调型人格者肯定会说："我可比不上人家，人家天生比我聪明，我再怎么努力，也赶不上人家的。"

协调型人格者一般没有鲜明的个性，也缺乏创新能力，有的时候，他们也不知道自己是个怎样的人。总之，他们经常随波逐流。

协调型人格者办事比较拖拉，不管做什么事情，他们总是尽量拖到最后一秒才去做。他们总想着在自己的拖拉过程中，事情会有转机。比如，你跟协调型人格者约会吃饭，你一定不用担心对方会早到，因为他们绝对会踩着时间点来。惰性似乎是协调型人格者身上的一大特质，他们在空闲的时候都是特别懒散的，不是睡觉就是看电视，或者是发呆。

协调型人格者说话语速比较慢，语气平和，一般难以找到中心思想。跟他们说话，会有种昏昏欲睡的感觉，但是又会不自觉地跟着他们的思路走。所以，协调型人格者也能从事销售行业，虽然他们语气平和，但是却有他们自身的魅力。

协调型人格者喜欢慢悠悠的生活方式，他们经常慢悠悠地做事，如果时间充足的话，他们还会考虑得多一点。比如，协调型人格者手头有一笔钱，他准备将这笔钱存入银行，他会仔细考虑钱存入银行的好处和坏处，想得尽可能全面之后，他才会行动。

协调型人格者通常很在乎别人的感受，他们不会得罪别人，但有的时候也会因为害怕得罪人而搞得双方的关系都很紧张。比如，印度圣雄甘地曾经发起的非暴力不合作运动就是典型的协调型人格者运动，他们的理念是既不想和对方发生暴力冲突，也不想和对方合作。

第二节　与世无争的职场"和事佬"

在所有性格类型中，协调型人格者是个性最不突出的一群人，甚至经常被大家当成没脾气的凡夫俗子。他们没有完美型人格者的坚定立场，没有给予型人格者的热情慷慨，没有实干型人格者出人头地的抱负，没有浪漫型人格者丰富细腻的感情，没有探索型人格者的专注力，没有质疑型人格者的言出必行，没有享乐型人格者的冒险精神，没有领导型人格者的领袖气质。乍看之下，他们非常平庸，无论从事哪种职业，都会变成该职业中最常见的"凡人"形象。从某种意义上讲，各行各业的从业人员大多都是协调型人格者，是社会大机器中随处可见的千篇一律的零件。

协调型人格者之所以给人们留下这种印象，并不一定是本身缺乏才能，更多是因为他们过分追求安定，主动消除了自己的锋芒，掩盖了自己的本色所致。如果不这样做的话，他们就会卷入激烈的竞争中，要面对许多复杂而痛苦的抉择，而这些东西必然会打破他们心中的和谐与安宁，这恰恰是协调型人格者不希望看到的。

在这个动机的驱使下，协调型人格者会努力远离人们关注的焦点，始终保持低调，主动隐身于普罗大众之中。因此，你很难真正弄清楚他们有多少能力和潜力，只能看到他们故意展示的平凡的一面。

纵观整个职场，脾气最好且让大家最安心的人最有可能是协调型人格者。他们从不旗帜鲜明地表达观点、选择立场，也极少与别人争辩是非对错（尽管内心未必赞同）。虽然不像给予型人格者、实干型人格者、享乐型人格者那么热衷社交，但并不热情开朗的他们却有一种润物细无声的亲和力，能让你放下戒心与敌意。

通常而言，协调型人格者的拖延症比较严重，办事效率不太高，工作表现中规中矩。但他们同样有其他人格类型所缺乏的特长，一旦被充分利用就会释放出他们自己都无法隐藏的光芒。

协调型人格者的内心世界和浪漫型人格者、探索型人格者一样丰富，并且也和完美型人格者一样想把理想世界与现实世界联系在一起。他们善于倾听，并乐于分享自己的心得与经验；他们有着超乎寻常的耐心与细致，又非常尊重被指导者，堪称最好的老师。

此外，协调型人格者擅长把不同的观点整合在一起，寻找各方的最大共识。追求融洽氛围的人生哲学更是令他们成为最优秀的矛盾调解员，所以，协调型人格者又被称为和平缔造者，团队里各种分歧意见会在他们的整合下达成一致，各种冲突矛盾会被他们很好地调节。协调型人格者喜欢共赢，不会对其他人产生任何威胁，堪称团队组织中最有效的"润滑剂"和"黏合剂"。

第三节　协调型人格者的代表人物

说起主持人，大家的第一感觉肯定是能说会道，只要有他们在场，就一定会是整个群体的焦点。他们巧舌如簧，是典型的得理不饶人的主儿。可是，主持人真的都是这样吗？下面给你介绍的这位，不但没有大家想象的那么"毒舌"，相反，他还经常息事宁人，充当老好人、和事佬的角色，他就是湖南卫视《快乐大本营》的主持人——何炅。

作为"好好先生"的何炅是典型的协调型人格者，他总是将大家的利益放在第一位，很少顾及自己的感受；当他周围的人产生冲突时，他总是力图找到一个有利于双方的解决方案；本着息事宁人的态度，他对利益的追逐和向往很低，他希望过那种与世无争、天下太平的好日子。

作为主持界的明星人物，何炅其实并不是大家想象的那样从小就能说会道，相反，他小时候是一个内向、害羞的男孩。何炅在校的学习成绩很优秀，但是却不怎么跟其他同学打交道，经常自己一个人待在家里学习。同时，他也热爱文艺活动，经常参加学校的各项活动。在校期间，何炅懂事听话，从来不会给家里人惹麻烦，父母评价何炅是一个很令人省心的孩子。

从父母"令人省心"四个字的评价中，我们可以看出，何炅小时候乖巧懂事，不会惹是生非，类似于和同学打架这样的事情，他是绝对不会干的，并且学习成绩好，是当时父母和老师心目中的"乖孩子"和"好学生"。

阴差阳错，何炅陪着同学去电视台竞聘主持人，结果电视台的老师让他也留了下来，这才开始了主持人的生涯。走上主持的舞台，何炅尽力寻找适合自己的角色。刚开始，何炅出现在舞台上的形象是"大拇哥"和"毛毛虫"，那时的何炅将自己的搭档刘纯燕看作心目中的偶像，他想要做一个像刘纯燕一样乐天派的主持人，给全国的小朋友带来快乐。

后来，由于外界影响，何炅暗自下定决心，不能仅模仿别人，还要专心探索，努力走出适合自己的艺术道路。因此，他努力发挥自己的特长，做适合自己的节目，终于走进了快乐家族，主持了一期又一期《快乐大本营》。

正是靠着何炅出色的主持和善于调动气氛的能力，《快乐大本营》被很多观众所喜爱，何炅也被越来越多的人认识和认可。但是，不管何炅是怎样的表现，大家对他的印象始终是"好好先生"。

在主持《超级女声》节目的时候，因为节目广受关注，所以不管是评委还是主持，都被要求点评到位，犀利准确。当时《超级女声》的评委团被评为"毒舌评委团"，可是，直到节目结束，也没有人说过何炅是一个"毒舌主持"，这是什么原因呢？

何炅本人曾经说过，评委之所以会尖锐地指出选手的问题，是本着对选手负责的态度，也与评委自己的性格有关。而自己之所以不尖锐，是为了不让选手感受到更大的压力。选手站在舞台上面对观众和评委就已经很紧张了，何炅不想让他们再承受来自主持人的压力，所以他给选手更多的是鼓励和支持。

不知道大家还记不记得这样一个场景：在一次"天使任务"的总决赛中，比赛刚一开始，何炅就露出了自己"好好先生"的本色，向选手大打温情牌。选手刚一上场，何炅就将每个人都好好地夸赞了一番，让大家都很开心，之前的紧张和不安很快就消退了，他们决战的信心更加坚定了。后来，比赛结束了，何炅又帮助每一个选手拉票，每个选手他都能说出其与众不同的特色，不管最后的结果是胜利还是失败，选手们都爱上了这个乐观开朗、能在危难之时帮助自己的主持人。

从何炅在主持时对所有选手进行鼓励和安慰，到后来为所有选手拉票，这些都说明了他在情感上是保持中立的，不会刻意站在哪一边。他是一个协调型人格者的身份，站在双方的立场上，为双方寻找解决问题的中间途径。对何炅来说，对两边都有利，能实现共赢的方式才是最好的方式。

实现共赢，这是协调型人格者身上的显著特质，他们不追求将问题深究到底，而是争取能满足各个方面的共同利益。跟他们在一起，没有压迫感，也不会感到紧张，你会很平和地当你自己。何炅就是这样一个人。

曾经有八卦杂志报道，何炅和朋友在一起的时候，何炅总是被嘲笑和捉弄的那一个，但是他从不介意，只要大家开心，他也就觉得开心。网上对这些报道的评论很多，说法也不一样，但是何炅依旧以微笑回应，对这些评论都不加理会。

或许何炅的态度和处世方式已经向人们表明了一种人生信念——他希望自己能给周围的人带来欢乐，只要是对周围的人有益的事情，他就会去做。在外人看来，他可能没有自己的主见，也不发表自己的看法，但是在当事人看来，这是最让他感到满足的事情。

在日常生活中，我们应该学习何炅这种宽容、豁达又处处为他人考虑的处世态度，这样世界会更加美好，社会会更加安宁。

第四节　协调型人格者的性格调整

对于温和的协调型人格者来说，他们不喜欢那些需要光鲜形象和不断推销的工作，如果工作程序是不停变化的，也无法得到他们的青睐。协调型人格者有很强的组织能力和细节管理能力，服务行业的工作特别适合他们。

协调型人格者会为当下的事情提供毫不动摇的支持，但是这种支持并不是朝着有利于自己的方向发展的，而只是为了维护和平的环境。协调型人格者会被其他人的生活深深影响，他们不需要控制其他人，就能感知到他人的需要，这是因为协调型人格者总是将自己的立场和他人的愿望相结合。

协调型人格者善于适应团队的特征、环境的特征，或者那些与他们相关的重要人的特征。从心理层面来看，协调型人格者认同他人的愿望，使自己融入他人的生活，同时弥补自身的损失。如果没有一个可靠的团队作为支撑，协调型人格者就会失去人生的航向，他们就不知道自己活着的意义。

协调型人格者会毫无保留地投入爱中，但是他们的感情很脆弱，很容易产生嫉妒和绝望的心理。一旦身边的重要人物离开，他们就会感觉失去了身体的一部分，甚至觉得自己的生存受到了威胁，特别没有安全感。

在九型人格中，协调型人格者和给予型人格者一样，拥有无条件爱的潜质，因为他们能通过自己的身心感知他人。但是需要注意的是，在感知他人的同时，不要忘记自己的需求。同时，协调型人格者拥有充沛的精力，经常会做几份工作，但是他们总是不知道自己最应该做的事情是什么，因为生活中有太多的事情让他们分心。

身为协调型人格者的你，要改变自己用沉默来被动抗拒的办事方式。很多时候，你必须明确自己的立场，适时发表自己的看法和感觉，让别人能够了解你；如果你感到生气或者悲伤，就将你的情绪发泄出来；当你感觉别人没有听你说话时，将这种感觉告知对方，而不是继续不停地说，这会让别人无比烦躁；告知别人一件事情时，要尽可能切中要点，不要做太多铺垫；如果有人向你提问，先弄清楚对方到底想知道什么，再根据对方的需要给出你的答案。

协调型人格者最典型的情绪是抑郁或者愤怒。当协调型人格者的注意力从真正的个人需求转移到充满困惑的思考或是某项不重要的活动时，他们的"心"就已经沉睡了。

当协调型人格者的真正需求逐渐显现时，那些原来通过被动反抗表达出来的怒火，也会逐渐浮出水面。协调型人格者的愤怒实际上是他改变的动力，能帮助他找到自己真正的立场。当协调型人格者试图将注意力从不必要的事情中抽离出来的时候，他们需要注意如下表现：

第一，总是依赖他人的帮助，需要借助团体的力量，不愿与他人分开。

第二，责备他人。因为自己太过于在意他人的想法和愿望，一旦出现问题，就会产生"都是他们的错"的想法。

第三，变得很顽固。当感到他人施加压力时，不愿将问题拿到桌面上和大家一起讨论，而是自己僵持不动，逼着对方先采取行动。

第四，神情恍惚。在和别人谈话的过程中，脑子里还想着其他事情。

第五，不积极努力，变得麻木和无动于衷。当出现问题的时候，没有想方设法去解决，而是期望问题消失，还拒绝接收负面消息。

第六，无法注意到自己的真正需求，让太多的琐事分散了自己的注意力，总是不知道最应该做的、最主要的事情是什么。

第七，工作无法善始善终。总感觉自己受到了伤害，不认真对待工作，总是希望用最小的付出换来最大的收益。

第八，当自己无所事事时会焦躁不安，总是在寻找消磨时间和能量的新方法。

第九，总是需要得到最多的信息，从不主动向别人解释，而是寄希望于别人向自己解释。

第五节　与协调型人格者的相处之道

9 号协调型人格者　vs　9 号协调型人格者

他们之间有很多和谐点，他们都安静温和，希望和谐，对自己和别人都不苛刻，乐观而豁达，他们在一起常常会很舒适，也会有很多共鸣。但是正因为他们都寻求和谐而不愿意主动提出问题，所以有很多表面和谐之下的成见，双方常常在隔阂中忍受痛苦和不断回避，最终导致必须面对冲突。

如果两个协调型人格者组成家庭，他们对彼此也不会施加很多压力，这让他们在一起常常特别舒服，关系也会非常稳定和长久。问题在于双方都不主动，缺少一个固定的意见，两人会因此而经常迷迷糊糊。若要更好地相处，他们需要更加独立，建立自己的想法，每个人都有自己的兴趣，每个人也都有自己的奋斗目标，不要单纯把爱人当成生活的重心。这个时候，他们常常会成为最好的伴侣，因为他们本身就都愿意帮助对方，是彼此支持的最好典范。

如果两个协调型人格者成为工作伙伴，由于都不想影响他人和制造冲突，因而常常能保持长期合作的关系。问题在于，在合作当中，他们常常会忘记自己的想法，因而带来一些隐患，而他们的回避常常使问题恶化，达到忍无可忍便会最终爆发。

他们需要学会明确自己的立场，了解冲突的不可避免性，了解妥协不是万能的药方，只会带来更多的隐患。

总之，无论是在家庭还是在工作中，两个协调型人格者相遇，都应更多地关注自己的需求和目标，坚持自己的方向，而不是为了和谐将注意力完全放在对方身上，这样才能有效避免可能发生的隐患，从而营造一种良好的合作关系。